后浪

点心教室

イル・プルー・シュル・ラ・セーヌ
のお菓子教室

[日] 椎名真知子 · 著

曹逸冰 · 译

北京联合出版公司
Beijing United Publishing Co.,Ltd.

前 言

我们的蛋糕店"雨中塞纳河"位于东京的代官山地区。在蛋糕店对面有间法式甜点教室，我们每天都会向学员传授专为制作少量而精致的糕点设计的食谱。我们的宗旨是"在家也能做出不逊色于蛋糕店的甜点"。甜点教室的学生来自日本各地，有烘焙初学者，也有小餐厅、小咖啡厅的经营者等专业人士。

我们精选了《烤制甜点教室》（1996 年初版）与《松软甜点教室》（2002 年初版）中最受欢迎的几款甜点，并对食谱进行了升级，这才有了您手中的这本《点心教室》。

草莓小蛋糕、蒙布朗、泡芙、布丁、芝士蛋糕、饼干、挞、玛德琳蛋糕、费南雪……本书介绍的许多甜点，都会出现在甜点教室的"快乐西点科"（原名：入门速成科）中。即便您没有丰富的烘焙知识与经验，也能在家中完成这些精美的作品。

其实在编写食谱时，我们同样本着"为制作者着想"的理念。要怎么写才能让各位读者在家中做出这些甜点呢？为了让大家制作更方便，我们采用了与甜点教室一样的操作方法，比如把手持搅拌机的搅拌棒拆下来，用作打蛋器或铲子，并在书中写明搅拌的次数、温度与时间等信息，如此一来，大家都能轻松制作出美味的甜点了。

无须使用特殊的工具，就能做出少量而精致的甜点——恐怕很难在市面上找到另一本能帮您实现这一点的食谱。常有《烤制甜点教室》与《松软甜点教室》的读者对我说："我买过很多食谱，唯独这本不一样，对着这本书做甜点，我会觉得自己的水平提升了好几个级别呢！""这本书已经有不少年份了，可我还好好收着呢！"大家之所以如此支持 10 多年前出版的食谱，一定是因为按照这两本食谱制作的甜点特别好吃。

近来，以"轻松""简单"为卖点的食谱随处可见，但是在我看来，真正美味，又能温暖人心的菜肴与甜点，本就需要我们倾注心血，费时费力去制作。

如果您之前没有用过我们的食谱，乍一看可能会有些不知所措。建议您先通读整篇食谱，将所有材料称量妥当，做好充分的准备之后再进入制作环节，这样就能万无一失了。

我衷心希望这本新版的食谱也能得到广大读者的喜爱。如果您想制作更多更美味的糕点，代官山的甜点教室随时欢迎您！

2014 年 8 月

椎名真知子

目 录

1 烤制の甜点

2 松软の甜点

▶ 材料的基本单位为"克（g）"。以 0.1 g 为单位的材料会一并用"小勺"注明。

▶ 量勺：1 大勺 =15 ml，1 小勺 =5 ml。

▶ 鸡蛋：中等大小约 50 g（去壳），蛋黄 15 g，蛋白 35 g。

▶ 本书使用的黄油均为无盐黄油。

▶ 面粉请提前过筛。

▶ 手粉一般使用高筋粉。

▶ 果胶粉是用于果酱或果冻的凝固剂。

▶ 如无特殊要求，垫烤盘的烘焙纸请一律使用卷筒烘焙纸。

▶ 本书记载了电烤箱与燃气烤箱的加热温度与时间，供您参考。

▶ 使用燃气烤箱时，请在加热时间过半后将烤盘水平旋转 180 度。如同时使用烤箱的上下 2 层，也需要对调烤盘的位置。

▶ 书中记载的加热时间仅供参考。请根据实际情况，用您的眼睛判断出最合适的加热时间。

制作：山崎香　长谷川有希　高岛爱　菅野华爱　玉木爱纯

编集：中村方映

摄影……日置武晴　设计……饭塚文子　编辑……锅仓由纪子

烘焙心得

对细节的关注，正是制作美味甜点的关键。
在动手之前，请牢记下列要点。

◎ 确保分量、温度与时间准确无误

严格按照食谱操作，可有效降低失败率。

◎ 将室温尽可能控制在 20℃左右

制作环境的温度也很重要，请千万不要怕麻烦，以免食材的温度过高。

◎ 将冰箱冷藏室的温度设定在 0℃左右，冷冻室的温度则要尽可能接近 −20℃

为了让材料与面团 / 面糊保持最佳状态，请尽量冷藏。

◎ 准备足量的冰块

如需使用冰水，请提前准备好足量的冰块，以免制作途中手忙脚乱。

◎ 充分了解自家的烤箱

加热的温度与时间视烤箱的机型与尺寸等因素而定。如果食谱中的加热时间已到，但甜品表面的颜色还不够深，那么下次制作时可以将烤箱温度提高 10℃。反之，如果加热时间尚未用尽，甜品的颜色就很深了，那么下次烤制时就要降低 10℃左右。总而言之，请大家根据自家的烤箱，灵活调整加热时间与加热温度。另外，烤箱需提前 20 分钟预热，保证甜品受热均匀。由于打开箱门会导致烤箱内部的温度急剧下降，因此预热时设定的温度需比实际烤制时略高一些。电烤炉要高 20℃左右，燃气烤炉则要高 10℃左右。

◎ 充分加热面团 / 面糊

面团 / 面糊需要充分加热，蒸发其中的水分。如此一来，口感便能在吸收糖浆之后保持轻盈，不至于过分黏腻。

◎ 小心切割

历经千辛万苦做好的甜点，当然要以最美的姿态呈现在食客面前。切割蛋糕时，请使用刀刃呈锯齿形的蛋糕刀。先将蛋糕刀浸在热水中，取出后拭去多余水分，再进行切割，如此一来蛋糕的横截面会更光滑。但是，如果切割的是加了淡奶油的蛋糕，那么用温水浸泡即可，因为淡奶油怕热。无论切割哪种蛋糕，每次切割后都要用布将刀身擦干净。

基本材料

要制作美味的甜点，必须先了解烘焙的基本材料。
不同的材料有不同的存放方法。

面粉

低筋粉和高筋粉可在商店直接购买。如果将两种面粉混合在一起，就比较接近法国的面粉了。存放面粉的关键在于"防潮"。最好在面粉外套两层塑料袋，与干燥剂一同放入密封容器，存放在室温环境中。面粉一旦受潮，就不容易与其他食材搅拌均匀了。

糖

主要使用细砂糖。糖的颗粒有粗细之分，使用哪一种都没问题。如果使用绵白糖，则加热后的色泽会更深，甜味也会更强。糖粉可分为纯糖粉与加了玉米淀粉的糖粉，两种均可使用。

鸡蛋

蛋黄一定要用新鲜的。蛋白可使用两种方法存放：将买来的鸡蛋直接放在约20℃的地方静置2～3天（打开后蛋黄与蛋白会缓缓摊开）；或打开鸡蛋，将蛋白分离出来，放在约20℃的地方静置2～3天，然后再放进冰箱冰镇。如此处理过的蛋白更容易打发。

黄油

本书收录的食谱一律使用无盐黄油。黄油融化后无法恢复原状，因此请将黄油存放在冰箱的冷藏室或冷冻室中（可提前按用量切好，方便取用）。存放在冷冻室中的黄油需提前一天转移到冷藏室解冻。

淡奶油

淡奶油遇热即化，需妥善存放。如果存放环境高于5℃，就会失去入口即化的口感，因此请存放在冷藏室温度最低的位置（但也不能让它冻住）。使用淡奶油时，要一边用冰水保温一边迅速操作。本书使用的是乳脂肪含量42％的淡奶油，如需使用其他种类的淡奶油，会在材料表中标出。

巧克力

主要使用可可脂含量较高的甜点专用巧克力。也有加入了植物性油脂，使用更方便的西式生巧克力。无论使用哪一种，都是欧洲产的风味最佳。巧克力需密封避光存放。如放置在冰箱中，保质期可达半年。

食用明胶

使用食用明胶的难处在于，分量的细微误差，也会直接影响成品的硬度。请使用精确到1g的电子秤精确称量。使用前需加入冷水充分搅拌，再放进冰箱静置30分钟左右。本书使用的产品品牌是"Jellice"，不同品牌的食用明胶的凝固效果可能会略有不同。

洋酒

洋酒可为甜点增光添彩，强调食材原有的特征，在甜点的制作中发挥着极为重要的作用。大家可以根据自己的口味，灵活调整洋酒的用量。洋酒的香味特别容易流失，因此开封后请尽快使用。小瓶装的洋酒较为方便。

香料

"香味"是决定甜点可口与否的关键之一。本书主要使用香草荚与香草精。加入香草，可有效提升甜点的风味，为美味加分。至于用量，能明显闻出香草味即可。香草荚以香味馥郁、略带黏性为佳。

水果

日本的水果口感较为寡淡，所以有时用水果罐头做甜点效果更好。如果需要使用新鲜水果，请尽量选择甜味或酸味比较明显的，或者用洋酒与香料增加风味。

基本工具

工欲善其事，必先利其器。

无须一步到位，慢慢凑齐就好。

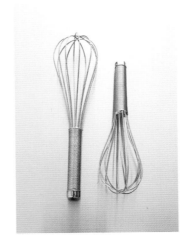

打蛋器

打蛋器的钢丝要足够坚硬牢固。准备"一大一小"就万无一失了。

手持搅拌器

本书使用的是有 3 个档位（低速、中速与高速）的双棒搅拌器。搅拌棒的顶部最好比根部（连接处）宽，这样更容易打出丰富的泡沫。也可以将搅拌棒拆下来当做普通打蛋器。

电子秤

请使用精确到 1g 的电子秤。有"去皮""置零"功能的更为方便。如预算充足，可购买从 0.1g 起称的精密电子秤。

不锈钢盆

A：不锈钢盆用途最广泛，如能备齐大（直径21cm）、中（直径18cm）、小（直径15cm)3 种尺寸，制作甜点时就能游刃有余了。

B：使用手持搅拌器打泡时，建议使用侧面与底面几乎垂直的深底不锈钢盆，可有效提升打泡效率。只用一根搅拌棒搅拌时，可使用带手柄的小搅拌盆（直径14cm）。如同时使用两根搅拌棒，则需较大的搅拌盆（直径18cm）。

铜盆

导热均匀且温和是铜盆的一大特征。建议大家选择盆壁较厚的产品。也可以用搪瓷盆或较厚的不锈钢盆代替。

耐热玻璃盆

导热温和，不会产生铁腥味。同样建议选择盆壁较厚的产品。适合需要用小火长时间加热的情况，但不能用大火加热。

厚实的小锅

建议在制作少量的糖浆或果酱时使用这种小锅。小锅的口径小，加热面积也小，可有效防止水分过度蒸发。直径9cm的小锅用起来最顺手。

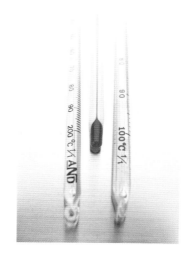

温度计

准确的温度在制作甜点的过程中尤为重要。可在家中准备2支温度计，一支用于100℃以下，另一支用于200℃以下，如此一来就能自如应对各种情况了。测量正在加热的糖浆或其他食材时，请将温度计垂直插在锅或盆的底部，这样测出来的温度更准确。

裱花袋和花嘴

在挤面糊或奶油时使用。图中的4个花嘴从左到右分别为：圆形、星形、蒙布朗型、平锯齿形（只有一侧有锯齿）。挤淡奶油时，可在惯用手（发力挤压的手）上套上手套，这样能防止体温将奶油融化。

■ **裱花袋的使用方法**

1 在裱花袋的顶端剪一个小口，插入花嘴。如果裱花袋里要装奶油，则需将裱花袋塞入花嘴。

2 将裱花袋的尾部往外翻，用手托住翻折处，倒入面糊或奶油。

3 将裱花袋的尾部翻回去，把内容物往花嘴处挤压。如果裱花袋里装的是奶油，则需注意裱花袋是否充满奶油。必须在内容物已填满花嘴的状态下开始挤压。

秒表

用于准确把握打泡等步骤的操作时间。即便操作者经验不足，无法根据外观判断出泡沫的状态，也能以操作时间为参考。当然，大家也可以使用普通的时钟。

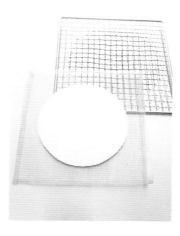

钢丝网

在加热底面积较小的锅或其他器皿时使用。

石棉网（陶瓷网）

耐热玻璃盆直接用火加热容易破裂，需要垫一层石棉网。

基本搅拌方法 ／ 打发方法

松软可口的甜点，离不开充分地搅拌与蓬松的泡沫。
下面为大家介绍几种搅拌法 / 打发法，初学者也能轻松掌握。

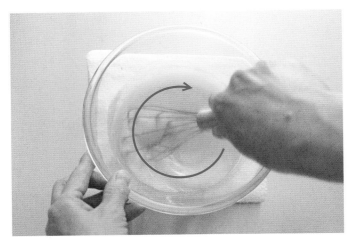

画圈搅拌（使用打蛋器）

用途：将糖浆加入打碎的蛋黄时等，用途广泛。

轻轻握住打蛋器的手柄，让打蛋器的顶端稍稍碰到盆底，一边画圈，一边搅拌。需要均匀搅拌时，最好使用这种方法。

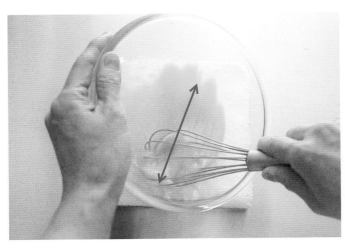

直线搅拌（使用打蛋器）

用途：需要将蛋黄打碎时、将细砂糖加入蛋黄时、打发淡奶油时等。

将搅拌盆稍稍倾斜，让所有材料聚集在一处，用打蛋器在同一个位置来回画直线。10 秒画 7 ~ 8 个来回为佳。这样搅拌的速度最快。

螺旋搅拌（使用手持搅拌器的搅拌棒）

用途：需要将全蛋、打发的蛋黄或面粉加入蛋白霜时等。

先从里向外，按螺旋形缓缓向外搅拌，再用同样的方法从外向内搅拌，完成以上过程算 1 次。1 次搅拌控制在 5 秒左右为佳。因为手持搅拌器的搅拌棒一般由几根扁平的搅拌片组成，且搅拌片之间存在一定的空隙，所以不会戳破太多气泡。

捞起搅拌（使用打蛋器）

用途：需要将淡奶油与比它更重的奶油搅拌均匀时等。

让打蛋器的顶端碰到盆底，从搅拌盆的一侧划到另一侧，并迅速做出"捞起"的动作，同时用另一只手慢慢旋转搅拌盆即可。如此搅拌能将沉入盆底的奶油"捞"起来，达到均匀搅拌的目的。

搅拌盆底（使用打蛋器）

用途：一边加热（或一边用冰水保温）一边搅拌等。

将打蛋器竖起，用小幅度的不规则动作，在盆底轻轻划动。动作一定要快，如此搅拌能防止食材沉淀在盆底与盆底附近，达到均匀搅拌的效果。

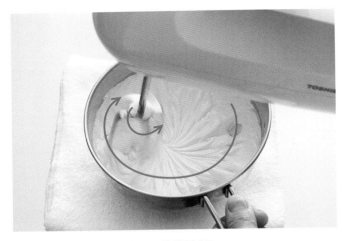

用 1 根搅拌棒搅拌（使用手持搅拌器）

用途：不需要打出太多气泡时。

如果惯用右手，则将搅拌棒装在手持搅拌器左侧，按顺时针方向搅拌（如果惯用左手则装在右侧，逆时针搅拌）。如此一来，能保证搅拌棒自身的旋转方向与搅拌器的运动方向相反，两股水流不断相撞，便能更快打出足够的气泡。

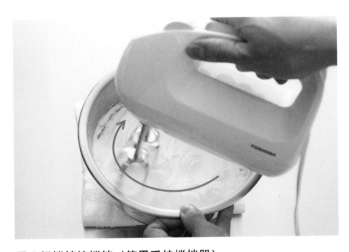

用 2 根搅拌棒搅拌（使用手持搅拌器）

用途：需要打出大量气泡时。

将搅拌棒垂直插入液体中，使用手腕的力量，带动搅拌棒在盆中画出大圈。搅拌棒能不时轻轻碰到盆壁即可，旋转速度以 1 秒转 3 圈为佳。千万不要只在搅拌盆中心画小圈，或是将搅拌棒用力按在盆壁上，发出"嘎达嘎达"的响声。

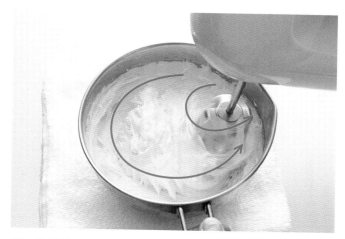

用 1 根搅拌棒逆向搅拌（使用手持搅拌器）

用途：将略有硬度，不容易搅拌的材料（如膏状黄油）加入其他食材时。

按与平时相反的方向搅拌（惯用右手的人就按逆时针方向搅拌）。因为搅拌棒自身的旋转方向与搅拌器的运动方向相同，能将食材迅速搅拌均匀，且不会掺入多余的空气。

刮下粘在搅拌盆上的面糊（适用于所有搅拌法）

用途：搅拌各类面糊时。

面糊常会粘在盆壁上，请在搅拌途中用刮刀将其刮下。

1

烤制の甜点

Madeleine
玛德琳

柠檬的清爽酸香与朗姆酒的馥郁芬芳相映成趣
别具一格的配方，令每一种配料发光出彩，带来全新的舌尖体验

材料 [使用 9 个 6.5cm×6.5cm 的玛德琳蛋糕模具]

全蛋……61 g

细砂糖……39 g

绵白糖……39 g

柠檬皮（碎末）……1/2 个

酸奶油……33 g

低筋粉……17 g

高筋粉……17 g

泡打粉……2/3 小勺（3.3 g）

黄油……22 g

朗姆酒……6 g

准备工作

・将低筋粉、高筋粉、泡打粉搅拌均匀后过筛。

・将全蛋、细砂糖、绵白糖、柠檬皮、酸奶油与混合好的粉放进冰箱。（※1）

・将黄油加热融化，并使溶液温度保持在 35 ℃左右。（※2）

・将黄油涂抹在模具上，撒少许高筋粉。（该步骤使用的材料不包括在材料清单中）

◎ **美味秘诀**

※1……使用冰镇的食材，可使成品的味道与口感更上一层楼。

※2……融化的黄油最好保持在 35 ℃左右。如果高于这个温度，冰镇其他材料就成了无用功。

※3……在使用细砂糖的同时，加入甜味鲜明的绵白糖，可进一步提升成品的甜度。

◎ **成品理想状态**

蛋糕整体呈浅金色即可。

◎ **最佳享用时间**

当天 ~ 2 天后。

制作面糊 ▶▶▶

1

将糖加入蛋液

用打蛋器将鸡蛋打散，并加入细砂糖、绵白糖（※3）与柠檬皮。

2

直线搅拌

将搅拌盆稍稍倾向自己，用打蛋器沿直线搅拌约 60 次，搅拌时间控制在 40 秒左右。

3

将 1/4 的蛋液倒入酸奶油

另取一个搅拌盆，用打蛋器将酸奶油打散，再加入 1/4 的 **2**。

4

画圈搅拌

用打蛋器在盆中画圈，直到 **3** 变得顺滑，方便倾倒。

5

倒入剩余的 2

使用橡胶刮刀，将 **4** 倒入剩余的 **2**。

6

直线搅拌

将搅拌盆稍稍倾斜，用打蛋器直线搅拌约 30 次，搅拌时间控制在 20 秒左右。

7

将混合好的粉分 5 ～ 6 次加入 6

用勺子舀起混合过筛好的粉，分 5 ～ 6 次均匀撒入 **6**。

8

每撒一次粉后，都要画圈搅拌

用打蛋器缓缓画圈搅拌，使粉末完全融入液体。粉末消失后，仍需继续搅拌 10 次左右。

9

刮下粘在搅拌盆壁的面糊

用橡胶刮刀刮下搅拌盆上方盆壁的面糊。

10

将融化的黄油分 5 ～ 6 次加入 9

将融化的黄油分 5 ～ 6 次均匀倒入 **9**。

11

每倒一次黄油后，都要画圈搅拌

用打蛋器缓缓画圈搅拌，使黄油完全融入液体。看不到黄油之后，仍需继续搅拌 10 次左右。

12

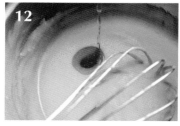

倒入朗姆酒

倒入少许朗姆酒（分量以烤制后能残留香气为佳），画圈搅拌。

烤制 ▶▶▶

13

将面糊转移到另一个搅拌盆

仅使用打蛋器搅拌，可能会导致调料停留于面糊的上层。将面糊转移到另一个搅拌盆，可有效使下层的面糊转移至上层，帮助调料均匀分布。

14

画圈搅拌

搅拌 10 次左右，使面糊变得更均匀。用打蛋器捞起面糊时，面糊能缓缓滴落即可。

15

将面糊倒入模具加热

将面糊倒入贝壳型模具加热。
电烤箱：200 ℃ 13 ～ 15 分钟
燃气烤箱：180 ℃ 12 ～ 13 分钟

Financier
费南雪

外脆内松，风味与口感层次分明

材料 [使用 10 个 4.5cm×7cm 的椭圆形模具]

黄油……76g
蛋白（※1）……76g
细砂糖……76g
透明麦芽糖……14g
杏仁粉……31g
低筋粉……15g
高筋粉……15g
香草精……5 滴

准备工作

· 提前准备好冰水，用于制作焦香黄油。
· 稍稍加热透明麦芽糖，使其变得柔软。
· 将黄油涂抹在模具上，撒少许高筋粉。（该步骤使用的材料不包括在材料清单中。）

◎ **美味秘诀**

※1……最好使用不是特别新鲜的蛋白，新鲜蛋白无法打造出蓬松的口感。
※2……如果沉淀物变黑，说明加热过度，这样会使味道与香气变得较为单调。需将整口锅浸入冰水冷却，防止其进一步变黑。
※3……即使无法在这一步将透明麦芽糖完全搅拌开也无妨，稍后加入的焦香黄油的热度会让透明麦芽糖融化。
※4……直接用火加热焦香黄油，直到温度上升至80℃左右。由于搅拌难度较高，前一半需分批逐次加入。沉淀物也要倒进面糊。

◎ **成品理想状态**
整体呈深棕黄色即可。

◎ **最佳享用时间**
当天 ~ 3 天后。

制作面糊 ▶▶▶

1
制作焦香黄油
用中火加热黄油。待黄油的颜色变深后调小火，一边用小勺搅拌，一边继续加热。当沉淀物变为深茶色时，将整口锅浸入冰水冷却。（※2）

2
用打蛋器将蛋白打散，加入细砂糖与透明麦芽糖，迅速直线搅拌。如此一来能打出细致顺滑的气泡。（※3）

将细砂糖与透明麦芽糖加入蛋白

3
加入杏仁粉
待蛋白完全变白，且盆底也没有透明蛋液后，加入杏仁粉，画圈搅拌。

烤制 ▶▶▶

4
将面粉分 6 ~ 7 次加入 3
将面粉分 6 ~ 7 次加入 **3**，每加入一批，都要用打蛋器捞起盆底的面糊充分搅拌。加入所有面粉后，还需继续搅拌 20 次左右。

5
分 6 ~ 7 次将焦香黄油加入 4
用勺子舀起加热到 80℃的黄油（※4），分 6 ~ 7 次滴入 **4**，再用打蛋器画圈搅拌。最后加入香草精，搅拌 20 次左右，保证配料分布均匀。

6
将面糊倒入模具加热
用勺子将面糊转移到模具中，每个模具 9 分满即可。加热后请立刻脱模。
电烤箱：240℃ 5 分钟→220℃ 6 分钟
燃气烤箱：210℃ 3 分 30 秒→170℃ 6 分 30 秒

Le Tigré
老虎蛋糕

将巧克力加入费南雪的面糊，烤出诱人的花纹
最后再把巧克力酱倒进凹槽就大功告成了

材料 [使用 10 个 6cm 口径的萨瓦兰蛋糕模具]

蛋白……64g

细砂糖……64g

透明麦芽糖……14g

杏仁粉……28g

低筋粉……14g

高筋粉……14g

焦香黄油（P.21）……64g

香草精……3 滴

牛奶巧克力（烘焙专用）……20g

◎巧克力酱

糖浆

┌ 水……10g

└ 细砂糖……10g

牛奶……15g

牛奶巧克力（烘焙专用）……20g

西式松露巧克力……20g

香草精……2 滴

准备工作

· 将牛奶巧克力（面糊用）切成 3mm 大的碎末，过筛备用。

· 将用来制作巧克力酱的水与细砂糖混合后煮沸，冷却制成糖浆。

· 将黄油涂抹在模具上，撒少许粗砂糖（该步骤使用的材料不包括在材料清单中）。

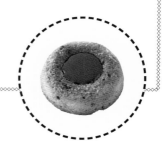

◎ **美味秘诀**

※1……将焦香黄油加热到 60℃。一次性倒入容易分层，因此需要分批倒入。

※2……如果不冰镇面糊，巧克力就会融化，无法与蛋糕的口感形成对比。

◎ **成品理想状态**

整体呈深棕黄色即可。

◎ **最佳享用时间**

当天 ~ 3 天后。

制作面糊 ▶▶▶

1

将细砂糖与透明麦芽糖加入蛋白

用打蛋器将蛋白打散，加入细砂糖与透明麦芽糖，直线搅拌 15 次左右，使蛋液变白，形成绵密柔软的气泡。

2

加入杏仁粉

加入杏仁粉，画圈搅拌。再加入低筋粉与高筋粉，搅拌至粉末完全消失。

3

加入焦香黄油

将焦香黄油滴入 2（※1），快速画圈搅拌。加入香草精，充分搅拌后转移到另一个搅拌盆，再搅拌约 10 次。

烤制 ▶▶▶

点缀 ▶▶▶

4

冰镇后加入巧克力

将搅拌盆浸入冰水，使面糊充分冷却后，加入巧克力碎，搅拌均匀。（※2）

5

将面糊倒入模具加热

用勺子将面糊转移到模具中，每个模具 9 分满即可。加热后立刻脱模。

电烤箱：200℃ 13 分钟

燃气烤箱：180℃ 13 分钟

6

将巧克力酱倒入凹槽

将 2 种巧克力加入糖浆与牛奶，煮到巧克力完全融化后滴入香草精。用冰水冰镇后，倒入已冷却的蛋糕凹槽中即可。

Moelleux au Chocolat
巧克力甘纳许蛋糕

稍显干燥的外层，搭配湿润的"熔岩"，人见人爱
烤制时要使用冰冻过的"熔岩"

材料 [使用9个直径5.5cm的圆形无底模具]

蛋黄……32g

黄油……30g

半甜巧克力（烘焙专用）

……100g

甜味巧克力（烘焙专用）

……100g

香草精……5滴

淡奶油……20g

蛋白霜

┌ 蛋白（※1）……120g

└ 细砂糖……57g

低筋粉……12g

高筋粉……12g

◎甘纳许

淡奶油……40g

透明麦芽糖……3g

玉米淀粉……3g

甘纳许专用巧克力（P.126）

……45g

香草精……5滴

糖粉（用于点缀）……适量

准备工作

· 将黄油与2种巧克力倒入锅中，
用40℃的热水隔水融化。

· 将甘纳许专用巧克力切碎。

· 将黄油（不包括在材料清单中）
涂抹在模具上，铺烘焙纸。

制作甘纳许

直火加热淡奶油、透明麦芽糖与玉米淀粉，搅拌成糊状后关火，加入切碎的巧克力与香草精，用打蛋器画圈搅拌。

挤成小团，放入冷冻室冷冻

将 1 倒入烤盘，放入冷冻室，使其凝固至能用裱花袋挤压塑形的程度，然后倒入装有 10mm 花嘴的裱花袋，挤成小团，放回冷冻室，冻成固体。

将蛋黄、黄油与巧克力搅拌均匀

用打蛋器将融化的黄油、2 种巧克力和打散的蛋黄搅拌均匀，然后加入香草精与淡奶油，继续搅拌。

制作蛋白霜

取一个搅拌盆，倒入蛋白与 4g 细砂糖，用手持搅拌器（2 根搅拌棒）中速搅拌 1 分钟，转高速搅拌 1 分 30 秒，最后加入余下的细砂糖搅拌 30 秒。

将面粉加入 3

将低筋粉与高筋粉加入 3，缓缓画圈搅拌，直到粉末消失。

烤制 ▶▶▶

加入蛋白霜

用手持搅拌器的搅拌棒捞起蛋白霜，加入 5，并直接用这根搅拌棒缓缓画圈搅拌。待这批蛋白霜消失后，再加入余下的蛋白霜，搅拌均匀。

转移至另一个搅拌盆，充分搅拌

将面糊转移至另一个搅拌盆，让上下层流动，继续搅拌 10 次左右。

将面糊与 2 装入模具，加热

将面糊倒入装有 10mm 花嘴的裱花袋中，挤至每个模具的 1/3，然后放上 2，继续挤面糊，直到模具 9 分满后加热（※2）。出炉立刻脱模，撤下烘焙纸，撒上糖粉即可。

电烤箱：190℃ 17 ~ 18 分钟
燃气烤箱：180℃ 15 ~ 17 分钟

◎ **美味秘诀**

※1……为了防止巧克力在搅拌时冷却凝固，蛋白要在制作蛋白霜的 5 分钟前拿出冰箱（让温度上升至 15℃）。

※2……冷冻过的甘纳许会融化变软。

◎ **成品理想状态**

蛋糕会先在烤箱中膨胀，随后缩小，表面变得平坦。

◎ **最佳享用时间**

次日 ~ 2 天后。

Dacquoise au Café
咖啡达克瓦兹

杏仁饼的温润口感，配以咖啡味的香甜夹心
撒在表面的糖粉堪称点睛之笔

材料[4cm×6cm，11～12个的分量]

蛋白霜
┌ 蛋白……100g
└ 细砂糖……30g
糖粉……45g
杏仁粉……75g
糖粉……适量

◎咖啡奶油
黄油奶油（P.89）……100g
┌ 蛋黄……40g
│ 糖浆
│ ┌ 水……33g
│ └ 细砂糖……100g
│ 黄油……200g
└ 香草精……5滴
速溶咖啡……5g
热水……5g

准备工作

· 用双手混合糖粉与杏仁粉，过筛2次。

· 按P.89"制作橙味黄油奶油"的步骤 1 ～ 9 做好黄油奶油备用。

· 用热水冲泡速溶咖啡。

· 制作达克瓦兹专用的模具。在10 mm厚的聚苯乙烯板上切出4 cm×6 cm的椭圆形小洞。边缘要用锉刀打磨光滑。用喷壶喷一些水在切口处。（※1）

1

制作蛋白霜

蛋白中加入 20g 细砂糖，用手持搅拌器搅拌。中速搅拌 1 分钟，转高速搅拌 2 分钟，加入剩下的细砂糖，用高速继续搅拌 1 分钟。（※2）

2

加入糖粉与杏仁粉

分 5 ～ 6 次，将糖粉与杏仁粉加入 **1**，每次加入 2 勺为佳。加入 2 种粉后，用搅拌棒缓缓进行螺旋搅拌。加入所有粉后，再搅拌 30 次左右。

3

将面糊挤入模具，脱模

在烤盘上铺好烘焙纸，把模具摆在烘焙纸上。将 **2** 倒入裱花袋（无须花嘴）。挤入模具的面糊要比模具稍高一些。挤好后，用抹刀将面糊刮平。最后，轻轻抖动模具，让面糊与模具分离。

4

撒上糖粉，加热

在 **3** 上撒上一层糖粉，静置 5 分钟后再撒一层，送入烤箱加热。
电烤箱：180℃ 16 ～ 17 分钟
燃气烤箱：170℃ 15 分钟

5

加入咖啡，搅拌

将冲泡好的速溶咖啡倒入黄油奶油，用木铲或其他工具搅拌均匀。

6

将咖啡奶油挤在 4 上，组装

待 **4** 冷却后，以 2 片为一组，分别摆好。另取一个裱花袋，装上 13 mm 的圆形花嘴，灌入咖啡奶油。在其中一片杏仁饼上挤 10 g 奶油，再将没有奶油的杏仁饼叠在上面即可。

◎ **美味秘诀**

※1……喷一些水在模具的切口处，面糊会更容易脱模。

※2……使用不是特别新鲜的蛋白打发，更容易打出绵密有硬度的蛋白霜。

◎ **成品理想状态**

整体呈浅金色即可。
出炉前请确认底面是否也呈金色。

◎ **最佳享用时间**

当天 ～ 1 周，需冷藏。

Le Financier
杏仁蛋糕

口味简洁朴素，杏仁的香气扑鼻而来，温暖人心
在烤好的蛋糕上涂一层黄油，蛋糕的风味更上一层楼

材料 [使用 1 个直径 16cm 的花型模具]

全蛋……47g
蛋黄……17g
杏仁粉……38g
细砂糖……38g
蛋白霜
 ┌ 蛋白……30g
 └ 细砂糖……25g
低筋粉……17g
高筋粉……17g
黄油溶液……32g

◎点缀
杏仁薄片……适量
黄油溶液……20g

准备工作

·将黄油（不包括在材料清单中）涂抹在模具上，贴杏仁薄片。（※1）

◎ **美味秘诀**
※1……多用一些杏仁薄片，杏仁的香味会更为浓郁。
※2……搅拌难度较大，因此请将黄油溶液分批倒入。
※3……涂抹黄油能防止表面干燥，提升蛋糕的风味。

◎ **成品理想状态**
整体呈浅金色即可。
可将竹签插入蛋糕再拔出，确认火候。待竹签不带出面糊后，再烘烤 5 分钟。

◎ **最佳享用时间**
当天 ~ 5 天后。

制作面糊 ▶▶▶

1

将鸡蛋、杏仁粉、细砂糖打出气泡

将全蛋、蛋黄、杏仁粉、细砂糖倒入同一个搅拌盆，用手持搅拌器（1 根搅拌棒）高速搅拌 1 分 30 秒。

2

搅拌至面糊呈丝带状

用搅拌棒捞起面糊时，面糊呈丝带状下坠即可。

3

制作蛋白霜

将蛋白与 5g 细砂糖倒入搅拌盆，用手持搅拌器（1 根搅拌棒）高速搅拌 1 分 30 秒。然后加入剩下的细砂糖，继续用高速搅拌 30 秒。

4

加入 2 的一半，螺旋搅拌

将 2 的一半加入 3，用搅拌棒缓缓地螺旋搅拌。

5

加入剩余的 2

在 4 尚未完全搅拌均匀时，用橡胶刮刀加入剩余的 2。

6

螺旋搅拌

用搅拌棒螺旋搅拌。

7

加入一半的粉，搅拌

趁蛋白霜的气泡尚未完全破裂时，舀 2 勺左右的杏仁粉、高筋粉与低筋粉，均匀撒入，再轻轻画圈搅拌。

8

加入其余的粉，继续搅拌

加入其余的粉，继续画圈搅拌，无须搅拌至粉末完全消失。

烤制 ▶▶▶

9

将面糊转移到另一个搅拌盆

将面糊转移到另一个搅拌盆，使下层的面糊翻到上层。用勺子画圈搅拌 5 次左右。

点缀 ▶▶▶

10

加入黄油溶液，搅拌

用勺子舀起黄油溶液，滴入 **9**（※2），缓缓画圈搅拌 25 次。

11

倒入模具加热

将面糊倒入模具加热。

电烤箱：170 ℃ 15 分钟 → 180 ℃
　　　　18 ~ 19 分钟

燃气烤箱：160 ℃ 30 分钟

12

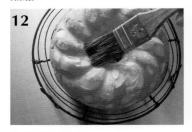

涂抹黄油溶液

蛋糕出炉后，趁热用刷子刷一层黄油溶液（用于点缀）。（※3）

Cake Marbré
大理石蛋糕

在普通面糊中加入巧克力面糊，打造出大理石的纹理
多搅拌几下，就会形成细致复杂的图案；少搅拌几下，则会给人留下大气简约的印象
可以根据自己的喜好，塑造出"表情"各异的大理石蛋糕

材料 [使用 1 个直径 16cm 的咕咕霍夫模具]

黄油……94 g

细砂糖……33 g

红糖……22 g

蛋黄……77 g

橙味香精 *……3 g

香草精……9 滴

蛋白霜

┌ 蛋白……50 g

└ 细砂糖……23 g

低筋粉……83 g

奶粉（全脂）……2 g

泡打粉……2 g

甜味巧克力（烘焙专用）……88 g

* 用于增添香橙的风味。

准备工作

·将黄油解冻至室温。（※1）

·将低筋粉、奶粉、泡打粉搅拌均匀后过筛。

·将甜味巧克力切碎，隔水加热融化。

·将黄油涂抹在模具上，撒少许低筋粉（该步骤使用的材料不包括在材料清单中）。

◎ **美味秘诀**

※1……勉强搅拌尚未解冻的黄油，会使面糊中混入多余空气，成品口感也会大打折扣，因此黄油必须解冻到室温之后再使用。如果黄油冻得非常硬，就放入搅拌盆，用文火稍稍加热。反之，如果太软，就浸入冰水稍加调整。

※2、3……本款甜品需要充分搅拌，所以才要求大家各搅拌 50 次左右。

※4……加入蛋白霜前的面糊状态极为重要。如果太硬，就会压破蛋白霜的气泡，导致成品也变硬。

◎ **成品理想状态**

表面呈金黄色即可。

加热后的成品会比模具稍小一些。

◎ **最佳享用时间**

当天 ~ 1 周后。

烤制 ▶▶▶

1

搅拌黄油

用打蛋器画圈搅拌黄油。

2

分 5 次加入细砂糖

分 5 次加入细砂糖，每加一次，都要用打蛋器缓缓画圈搅拌 50 次左右。红糖也用同样的方法加入。（※2）

3

分 5 次加入蛋黄

分 5 次加入打散的蛋黄，每一次都要充分画圈搅拌，直至看不到蛋液为止。最后再搅拌 50 次左右。（※3）

4

加入橙味香精与香草精

加入橙味香精与香草精，画圈搅拌。充分搅拌后的面糊会变得十分柔软，轻轻晃动搅拌盆时，面糊表面也会随之晃动。（※4）

5

制作蛋白霜

另取一个搅拌盆，加入蛋白与 6 g 细砂糖，用手持搅拌器（2 根搅拌棒）搅拌。先用中速搅拌 2 分钟，再用高速搅拌 1 分 30 秒。然后加入剩下的细砂糖，继续高速搅拌 1 分钟。

6

将 5 分批加入 4

用搅拌棒捞一些 5 加入 4，螺旋搅拌直到蛋白霜消失不见，然后再捞第二批 5，周而复始。将 5 全部加入之后，再轻轻搅拌几次。

分批加入一半的混合粉

将混合粉的一半分 3 次加入 **6**，并用搅拌棒螺旋搅拌。前 2 次要在粉还没有完全消失时加入下一批粉，第 3 次则要搅拌至粉末完全消失。

将面糊转移到另一个搅拌盆

用橡胶刮刀将面糊全部转移到另一个搅拌盆，使面糊更均匀。

分 3 次加入另一半混合粉

分 3 次加入另一半混合粉，每加一次，都要用螺旋搅拌法搅拌到完全看不到粉末为止。

最后进行充分地搅拌

用橡胶刮刀刮下粘在搅拌盆内侧的面糊，再使用搅拌棒，用螺旋搅拌法搅拌至粉末完全消失。

烤制 ▶▶▶

取部分面糊，加入巧克力

取 **10** 的 1/5，加入隔水融化的巧克力，用橡胶刮刀搅拌均匀。

将 11 加入 10，稍加搅拌

用橡胶刮刀捞起 **11**，分别摆在 **10** 的各处，稍加搅拌。如果过度搅拌，成品就会失去纹理。

将面糊倒入模具加热

将面糊倒入模具加热。
电烤箱：180℃ 40 分钟
燃气烤箱：160℃ 40 分钟

Gâteau Week-end
柠檬周末蛋糕

略带惊喜的口感，让人回味无穷
不妨烤上一个，送给亲密爱人当做周末的小礼物吧！

材料 [使用 1 个 18cm×7cm×5.5cm 的磅蛋糕模具]

全蛋……108g

细砂糖……139g

柠檬皮（碎末）……1.6 个

酸奶油……60g

低筋粉……29g

高筋粉……29g

泡打粉……3/5 小勺（3.4g）

黄油……40g

朗姆酒……14g

◎点缀

杏酱 *……适量

柠檬糖浆 *……适量

* 杏酱的制作方法：将 188g 细砂糖与 6g 果胶粉充分搅拌后，加入 250g 杏泥，加热煮沸，同时捞去浮出水面的杂质。3 分钟后关火，加入 24g 透明麦芽糖充分搅拌即可。

* 柠檬糖浆的制作方法：将 11g 水、11g 柠檬汁与 90g 糖粉充分搅拌即可。制作这款蛋糕时只需使用一小部分。

准备工作

· 将低筋粉、高筋粉、泡打粉搅拌均匀后过筛。

· 将全蛋、细砂糖、柠檬皮、酸奶油和 3 种粉冷却至 10℃。（※1）

· 融化黄油，加热至 35℃。

· 在模具内侧铺烘焙纸。

◎ **美味秘诀**

※1……低于 10℃不容易搅拌均匀，请小心控制温度。

※2……不要在这一步搅拌过度。

※3……因为其他食材的温度很低，黄油会暂时出现分层的现象，无须介意，继续操作即可。

◎ **成品理想状态**

切口处呈浅金色为佳。如果使用燃气烤炉，切口处不会明显裂开，但不影响内部的加热。

◎ **最佳享用时间**

当天 ~ 5 天后。

制作面糊 ▶▶▶

1 将细砂糖与柠檬皮加入全蛋

用打蛋器将全蛋打散后，加入细砂糖与柠檬皮，直线搅拌 60 次左右。

2 将 1/4 的 1 加入酸奶油

另取一个搅拌盆，将酸奶油打散，再加入 1/4 的 1，画圈搅拌，直至两者完全相溶。

3 将 2 倒回 1，搅拌

将 2 倒回 1，直线搅拌 30 次左右。

4 加入 3 种粉

加入混合过筛好的低筋粉、高筋粉与泡打粉，用打蛋器缓缓画圈搅拌。粉完全消失后，再搅拌 10 次左右。（※2）

5 加入黄油溶液

用勺子将加热到 35℃的黄油溶液分批滴入 4，然后缓缓画圈搅拌。再加入朗姆酒，继续搅拌 10 次左右。（※3）

烤制 ▶▶▶

6 将面糊倒入模具，第一次加热

将面糊倒入模具加热。

电烤箱：260℃ 6 分钟

燃气烤箱：230℃ 7 分钟

7 取出划口

待蛋糕表面正中间变成金黄色后，取出蛋糕，用刀在中央划一道切口（如图 a）。

8 进行第二次加热

再次送入烤箱加热。

电烤箱：180℃ 24 分钟

燃气烤箱：170℃ 23 分钟

点缀 ▶▶▶

9 涂抹果酱与糖浆

蛋糕脱模，静置 20 分钟后，揭下烘焙纸。用刷子将刚刚煮好的热杏酱涂抹在底面以外的每一个侧面上（如图 b）。待蛋糕表面干燥后，再用刷子涂一层薄薄的柠檬糖浆（同样避开底面），最后将蛋糕送入烤箱烘干即可。

a　　　　　　　b

Gâteau au Chocolat
巧克力蛋糕

好似入口即化的巧克力，略带苦味，优雅而成熟
侧面的"小蛮腰"也十分可爱

材料[使用 1 个直径 18cm 的杰诺瓦士蛋糕
　　　模具]

蛋黄……70 g
细砂糖……70 g
黄油……70 g
甜味巧克力（烘焙专用）……59 g
半甜巧克力（烘焙专用）……29 g

可可脂……13 g
淡奶油……56 g
酸奶油……13 g
香草精……8 滴
蛋白霜
┌ 蛋白……123 g
└ 细砂糖……70 g

可可粉……80 g
低筋粉……21 g
肉豆蔻……少量（0.1 g）
肉桂粉……少量（0.1 g）
细砂糖……29 g

准备工作

· 将黄油、2 种巧克力与可可脂倒在同一个容器中，用 40℃（冬天为 60℃）的热水隔水融化。

· 将可可粉、低筋粉、肉豆蔻、肉桂粉搅拌均匀后过筛。

· 在模具内侧铺烘焙纸。

◎ **美味秘诀**

※1……蛋白最好在制作蛋白霜的 5 分钟前拿出冰箱。

※2……如果搅拌过度，味道会过于浓厚；搅拌时间不够，味道又会太过清淡。多做几次就能把握好"火候"了。

◎ **成品理想状态**

面糊遇热后会逐渐缩小下沉。可将竹签插入蛋糕再拔出确认火候。待到竹签不带出面糊后，再烘烤 5 分钟。

◎ **最佳享用时间**

当天 ~ 1 周后

制作面糊 ▶▶▶

1

将蛋黄与细砂糖搅拌均匀

将蛋黄与细砂糖倒入搅拌盆，用打蛋器直线搅拌。蛋液稍稍发白后，加入黄油溶液和巧克力液，画圈搅拌。

2

加入淡奶油与酸奶油

加入淡奶油与酸奶油，画圈搅拌，注意不要打出泡沫。搅拌均匀后，再加入香草精充分搅拌。

3

制作蛋白霜

另取一个搅拌盆，倒入蛋白与一半细砂糖，用手持搅拌器（2 根搅拌棒）中速搅拌 1 分钟，再加入剩余的细砂糖，用高速搅拌 1 分 30 秒打发蛋白。（※1）

烤制 ▶▶▶

4

将可可粉与低筋粉加入 2

将可可粉、低筋粉和调味料加入 **2**，用打蛋器画圈搅拌，直至粉末消失。

5

加入蛋白霜搅拌

用搅拌棒捞起一些蛋白霜，加入 **4**，画圈搅拌，直至蛋白霜消失。该步骤请重复 2 次。然后加入其余蛋白霜与 29g 细砂糖，用木铲搅拌，直到蛋白霜完全消失，面糊变得顺滑为止。（※2）

6

将面糊倒入模具加热

将面糊倒入模具，表面抹平后加热。

电烤箱：170℃ 50 ~ 60 分钟

燃气烤箱：160℃ 50 ~ 60 分钟

出炉后，趁热脱模，揭下烘焙纸冷却。侧面凹陷后，撒上少许糖粉（不包括在材料清单中）即可。

Cake aux Noix de Sarlat
核桃磅蛋糕

这款蛋糕最大的魅力，莫过于柔软而湿润的口感
与香脆的核桃形成的鲜明对比
蛋糕表面刷糖浆，光泽诱人

材料
[使用1个18cm×7cm×5.5cm的磅蛋糕模具]

黄油……50g

细砂糖……35g

盐……略少于1/5小勺（0.4g）

全蛋……30g

蛋黄……24g

核桃……100g

高筋粉 A……20g

淡奶油……20g

香草精……5滴

蛋白霜

┌ 蛋白……55g

└ 细砂糖……15g

高筋粉 B……24g

泡打粉……2g

◎点缀

杏酱（P.35）……适量

糖浆*……适量

核桃（半个）……5个

* 糖浆的制作方法：将糖粉135g、水25g、核桃利口酒19g、香草精5滴搅拌均匀即可。制作这款蛋糕时只需使用一小部分。

准备工作

· 将黄油解冻至室温。
· 将面糊使用的核桃切成 5 mm 大的碎末。
· 冰镇淡奶油。
· 将高筋粉 B 与泡打粉搅拌均匀后过筛。
· 在模具内侧铺烘焙纸。

制作面糊 ▶▶▶

1

将细砂糖、盐与鸡蛋加入黄油

将黄油倒入搅拌盆，用打蛋器打散，分 3 次加入细砂糖与盐，画圈搅拌。另取一个搅拌盆，将全蛋与蛋黄打散，分 5 次加入黄油，同样画圈搅拌。

2

加入核桃与高筋粉 A

加入 50 g 核桃，用橡胶刮刀搅拌。再用勺子将高筋粉 A 均匀撒入，用橡胶刮刀搅拌至粉末完全消失。（※1）

3

将淡奶油分 2 次加入 2

分 2 次将冰镇过的淡奶油与香草精加入 2，每加一次都要翻搅 50 次左右。

4

制作蛋白霜

另取一个搅拌盆，倒入蛋白与细砂糖，用手持搅拌器（1 根搅拌棒）中速搅拌 1 分钟，转高速搅拌 2 分钟。

烤制 ▶▶▶

5

将核桃、高筋粉 B 与泡打粉加入 3

将剩下的 50 g 核桃加入 3，用橡胶刮刀搅拌均匀，加入高筋粉 B 与泡打粉，翻搅至粉末完全消失后，再继续搅拌 40 次左右。（※2）

6

加入蛋白霜搅拌

捞起一些蛋白霜，加入 5，用搅拌棒进行螺旋搅拌。重复 2 次后，加入其余蛋白霜，用同样的方法螺旋搅拌后，再搅拌 10 次左右。最后转移到另一个搅拌盆，搅拌 10 次左右。

7

将面糊倒入模具加热

电烤箱：160 ℃ 25 分钟 → 180 ℃ 10 ～ 15 分钟

燃气烤箱：150 ℃ 25 分钟 → 170 ℃ 10 ～ 15 分钟

出炉后脱模，稍稍冷却后揭下烘焙纸。在蛋糕表面涂抹杏酱（底部除外），杏酱干透后，用同样的方法涂抹糖浆，送入烤箱烘干。（※3）

电烤箱：250 ℃ 2 ～ 3 分钟

燃气烤箱：230 ℃ 1 分 30 秒 ～ 2 分钟

最后将核桃点缀在蛋糕表面即可。

◎ **美味秘诀**

※1、2……这款食谱的水分含量较高，所以粉末要分 2 次加入，以免分层。不过就算分层了，也不用太担心。

※3……糖浆冒泡后，就将蛋糕从烤箱中取出。

◎ **成品理想状态**

可将竹签插入蛋糕再拔出，确认火候。待竹签不带出面糊后，再烘烤 3 分钟。

◎ **最佳享用时间**

当天 ～ 1 周后。

Baked Cheese Cake
烤芝士蛋糕

这是一款舒芙蕾式的芝士蛋糕，口感较湿润
入口即化，温润的芝士在口中散开，妙不可言
加热时，需在烤盘中倒一层热水，将蛋糕"蒸"熟

材料 [使用 1 个直径 18 cm 的杰诺瓦士蛋糕模具]

奶油奶酪……130 g

蛋黄……50 g

牛奶……90 g

柠檬汁……5 g

低筋粉……20 g

淡奶油……25 g

黄油……40 g

蛋白霜

┌ 蛋白……80 g

└ 细砂糖……40 g

蛋糕胚（直径 18 cm、厚度 1 cm，详见 P.72）……1 块

准备工作

·将奶油奶酪切成薄片，恢复至室温。

·取一个搅拌盆，倒入蛋白与细砂糖，用手持搅拌器（2 根搅拌棒）搅拌。制作蛋白霜时先用中速搅拌 2 分钟，再用高速搅拌 2 分钟。

·在模具内侧铺烘焙纸（为了方便脱模，再垫两条交叉的长纸条），然后将蛋糕胚摆在烘焙纸上。

◎ **美味秘诀**

※1……第 1 次一定要搅拌均匀。

※2……提前准备好热水，慢慢加热。出炉后，需在蛋糕冷却后再揭下烘焙纸。

◎ **成品理想状态**

面糊会先膨胀，然后再缩小，加热至表面呈现浅金色即可。

◎ **最佳享用时间**

当天～3 天后

制作面糊 ▶▶▶

1

将蛋黄加入奶油奶酪

用打蛋器将奶油奶酪打散后，分 3 次加入已经打散的蛋黄。每加一次，都要画圈搅拌。

2

加入牛奶、柠檬汁和低筋粉

加入 15 g 牛奶，画圈搅拌，再加入柠檬汁，继续搅拌。最后加入低筋粉，画圈搅拌至粉末完全消失。

3

加入剩余的牛奶、淡奶油与黄油

另取一个搅拌盆，倒入剩余的牛奶、淡奶油与黄油煮沸。将其中的 1/3 分 3 次加入 **2**，每次都要画圈搅拌。之后加入剩下的 2/3，搅拌均匀。

烤制 ▶▶▶

4

将 3 加入蛋白霜

在蛋白霜中间压出一个凹槽，用大勺舀起一勺 **3**，缓缓倒入。

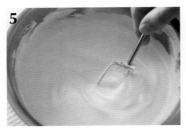

5

画圈搅拌

用搅拌棒画圈搅拌，直到蛋白霜消失（※1）。将 **4**、**5** 的步骤重复 3 次，将 **3** 全部加入面糊。然后将面糊转移到另一个搅拌盆，使上下层流动，再缓缓画圈搅拌 30 次左右。

6

将面糊倒入模具，用水浴法烤熟

将面糊倒入模具，放在烤盘上。然后将热水倒在烤盘上，用水浴法将面糊蒸烤熟。（※2）

电烤箱：170 ℃ 1 小时

燃气烤箱：160 ℃ 1 小时

Langue de Bœuf
树叶派

扑鼻的香味与清脆的口感，是这款树叶派受人喜爱的秘密
撒在表面的细砂糖与红糖，定能让您眼前一亮

材料 [制作 18 ~ 19 块，尺寸约为 7cm×16cm]

派皮……1/2 份 *

┌ 高筋粉……175 g
│ 低筋粉……75 g
│ 盐……5 g
│ 水……100 g
│ 白米醋……10 g
└ 黄油……185 g

细砂糖……90 g

红糖 *……90 g

* 按本食谱介绍的方法制作而成的派皮为 "1 份"，但此次只需使用半份即可。多余的派皮可以先做成甜点的形状，放在冷冻室，保质期为 1 周左右。

* 红糖为红褐色的粗糖。

◎ **美味秘诀**

※1……搅拌与揉捏要适度，否则会产生过量的面筋，导致派皮遇热后收缩变硬。

※2 ~ 5……请严格按照食谱规定的时间静置派皮。

※6……中途按压的目的是防止派皮过度膨胀，导致派的中央疏松。

◎ **成品理想状态**

整体呈深色为佳，掰开时产生的断面也要有较深的颜色。

◎ **最佳享用时间**

当天 ~ 5 天后
请与干燥剂一同存放。

准备工作

· 将面板、擀面杖和手粉放入冷冻室。

· 将黄油切成 1 cm 见方的小丁。低筋粉与高筋粉搅拌均匀后过筛，和黄油装入同一个搅拌盆，放入冷藏室。

· 将盐、水与白米醋搅拌均匀，放入冷藏室。

· 将烘焙纸铺在烤盘上。

制作面饼 ▶▶▶

1

将混合液倒入面粉与黄油中

在冰镇过的面粉与黄油中间挖一个凹槽，倒入混合好的盐、水与白米醋。

2

用手指揉捏

用手指将结成团的面粉揉开，同时加以搅拌，直到水分被完全吸收。(※1)

3

用刮板翻搅

使用刮板，将面粉从搅拌盆的一头翻折到另一头，重复 10 次。然后再用从下往上捞的动作搅拌，重复 5 次。

4

喷洒水雾

待面粉的表面干燥后，均匀喷洒 5 次水雾（不包括在材料清单中）。然后用刮板将下层的面粉翻上来，再喷 5 次水雾，搅拌均匀。

5

揉成长方体面团

用手将面粉揉成面团。稍后要擀成长方形，因此面团需要做成长方体。

6

放入冷藏室静置

把面团装入塑料袋后，将它的长和宽调整为 14 cm×14 cm，厚度控制在 3 cm 左右，然后送入冰箱的冷藏室，静置 1 小时左右。(※2)

7

让面团更容易擀开

取出面团，放在面板上，多撒一些面粉（不包括在材料清单中）。用擀面杖稍微压一压，让面团更容易擀开。

8

擀成 45 cm × 15 cm

把擀面杖放在面团正中间，先向上推，然后提起擀面杖放回中央，再向下推，将面团擀成 45 cm × 15 cm 的长方形面饼。

9

折成 3 层

刷去多余的面粉，拿起远离自己的一侧，朝自己折 1/3。再拿起另一侧，朝外折 1/3，让面饼变成 3 层。保持方向不变，稍稍拉长面饼，长度达到 15cm。

10

调整方向，擀成 50 cm × 15 cm

面饼旋转 90 度，用擀面杖擀开。擀的时候要用擀面杖按住面饼的边缘，防止面饼滑动。最后擀成 50 cm × 15 cm 的大小。

11

上下各折叠 1 次

在靠近自己的这一侧留出 10 cm 长度，将剩余的面饼从外往里对折。靠近自己的 10 cm 朝外对折（如图所示）。

塑形 ▶▶▶

12

静置面饼

从外向里再对折一次，然后将面饼装入塑料袋，放入冰箱冷藏室静置 1 小时左右。（※3）

13

重复 8 ～ 12 的步骤

取出面饼，将其旋转 90 度（方向如图所示），然后重复 8 ～ 12 的步骤。如此，便有了 1 份派皮。

14

用模具按出圆形面饼

将 1/2 派皮擀成 25 cm × 22 cm 大小，厚约 4 mm，再用 6 cm 的圆形模具按出小面饼，放入冷藏室静置约 1 小时。（※4）

15

将剩余的面按出圆形面饼

将剩余的面饼揉成一团，同样擀成 4 mm 厚的面饼，再用圆形模具按出圆形小面饼，放入冷藏室静置。

烤制 ▶▶▶

16

撒上细砂糖与红糖

将细砂糖与红糖搅拌均匀，铺在烘焙纸上。然后取出冰箱中的小面饼，摆在糖上。面饼朝上的一面也要撒一些糖。

17

将圆形面饼擀成椭圆形

用擀面杖将圆形面饼擀成长度为 16 cm 左右的椭圆形，同时将糖粒按进面饼。然后将面饼送回冰箱冷藏室，静置 1 小时左右。（※5）

18

送入烤箱加热

送入烤箱加热约 5 分钟后取出烤盘，用铲子将膨胀的面饼压扁后，继续加热。（※6）

电烤箱：220 ℃ 15 分钟
燃气烤箱：200 ℃ 10 分钟

Chausson aux Pommes
苹果派

甘甜的糖煮苹果泥，在丁香与香草荚的烘托下，愈发香气四溢
温润而朴素的口感，平添一份心灵的宁静

材料[约 11 cm×12 cm，9 个]

派皮（P.44）……1 份

◎糖煮苹果泥
苹果 *……2 个
白葡萄酒……150 g
水……150 g
柠檬汁……5 g
香草荚……1/4 根
丁香……1 个
细砂糖……90 g
玉米淀粉……4 g
水……4 g

* "黄元帅（golden delicious）"或类似的品种较为合适。

蛋奶混合液（P.54）……适量

◎糖浆（点缀）
┌ 水……10 g
└ 细砂糖……15 g

准备工作

·糖煮苹果泥的制作方法详见 P.54。加热时一并加入水、香草荚与丁香。最后加入少量的柠檬汁与细砂糖（不包括在材料清单中），再煮 2 ～ 3 分钟。关火后，加入用凉水化开的玉米淀粉，再煮沸一下即可。

·将细砂糖加水，稍稍加热，制成糖浆。

·将烘焙纸铺在烤盘上。

◎ **美味秘诀**
※1……如果派皮的两头太薄，加热后不会鼓起，请务必小心。
※2……充分预热烤箱，才能让成品色泽诱人。

◎ **成品理想状态**
整体呈金色即可。

◎ **最佳享用时间**
当天～ 3 天后
加热后享用更美味。

塑形 ▶▶▶

1

用模具按出圆形小面饼
在派皮上撒少许面粉，用擀面杖擀成 32 cm×32 cm 的大小，厚度控制在 4 mm 左右。然后用直径 10 cm 的菊花形模具按出圆形的小面饼。

2

将圆形小面饼擀开
将圆形小面饼擀成 12.5 cm 长的椭圆形，然后旋转 90 度，只擀中间的部分，擀出一个 16 cm 长的椭圆形。（※1）

3

将糖煮苹果泥挤在面饼上
用刷子蘸少许蛋黄液，在靠自己的一侧边缘刷够 2 cm 宽。将糖煮苹果泥灌入装有 13 mm 圆形花嘴的裱花袋，挤在面饼上，直径控制在 4 cm 左右。

烤制 ▶▶▶

4

对折后封口
将面饼从外往里对折（刷了蛋黄的部分要稍稍用力按压），然后翻面。

5

涂抹蛋奶混合液，戳洞
用刷子涂抹薄薄一层蛋奶混合液，干透后再涂一层。用小刀在距离边缘 1 cm 的位置戳一圈小洞。然后放入冷藏室静置 1 小时。

6

划出纹路，加热
表面划出叶脉，中间戳 3 个洞后入烤箱加热（※2）。出炉后趁热刷上糖浆。
电烤箱：250 ℃ 5 分钟 → 210 ℃ 15 分钟
燃气烤箱：210 ℃ 5 分钟 → 190 ℃ 12 ～ 13 分钟

Galette des Rois
杏仁奶油派

又名"国王饼"，是基督教徒在主显节时享用的传统甜点
法国人烤制这款甜点时，还会将小瓷人藏在其中一个派里
据说吃到小瓷人的人一整年都会交好运哦

材料 [直径 10cm，3 个]

派皮（P.44）……1/4 份

杏仁奶油（P.54）……30 g

蛋奶混合液（P.54）……适量

◎糖浆（用于点缀）
- 水……10 g
- 细砂糖……15 g

准备工作

· 将细砂糖加水，加热制成糖浆。
· 将烘焙纸铺在烤盘上。

◎ 美味秘诀

※1……如果 2 张面饼是朝相同的方向擀开的，遇热时就会朝同一个方向膨胀，影响成品形状。

※2……切忌加热过度，否则杏仁奶油的风味会大打折扣。

◎ 成品理想状态

整体呈深色为佳。

◎ 最佳享用时间

当天 ~ 3 天后

塑形 ▶▶▶

1

用模具按出圆形小面饼

在派皮上撒少许面粉（不包括在材料清单中），用擀面杖擀成 21 cm × 23 cm 的长方形，厚度约 2 mm。然后用直径 10 cm 的圆形模具按出 6 块小面饼。

2

将全蛋的蛋液刷在面饼的边缘

用刷子在 3 张小面饼的边缘刷一圈全蛋液（不包括在材料清单中）。

3

将杏仁奶油挤在面饼上

将杏仁奶油打散，灌入装有 10 mm 圆形花嘴的裱花袋，在面饼中央挤出螺旋状的图案。

烤制 ▶▶▶

4

叠加未刷蛋液的面饼

将剩余的面饼旋转 90 度，叠在 3 上（※1），用手轻压边缘后翻面，送入冷藏室静置 1 小时。

5

在接缝处留下划痕

用手轻轻按住 4，同时用小刀在接缝处留下划痕，提升上下两片面饼的贴合度。然后刷一层薄薄的蛋奶混合液，干透后再刷一遍。

6

划出纹路，加热

表面划出格纹，戳几个小洞后送入烤箱。出炉后趁热涂抹糖浆即可。（※2）

电烤箱：250 ℃ 6 分钟 → 210 ℃ 13 分钟

燃气烤箱：230 ℃ 4 分 30 秒 → 190 ℃ 10 分 30 秒

Tarte aux Pommes
苹果挞

铺满苹果片的苹果挞，最适合在苹果上市的季节享用
建议使用黄元帅、王林等肉质松软的品种

材料[使用 1 个直径 18cm 的挞模具]

◎ 挞皮……250 g*
黄油……150 g
糖粉……94 g
全蛋……47 g
杏仁粉……38 g
低筋粉……250 g
泡打粉……1/3 小勺（1.2 g）

◎ 杏仁奶油（P.54）……120 g*
黄油……100 g
糖粉……80 g
全蛋……54 g
蛋黄……10 g
酸奶油……10 g
脱脂牛奶……4 g
香草精……11 滴
杏仁粉……120 g

◎ 糖煮苹果泥（P.54）……120 g*
苹果……1 个（中号）
白葡萄酒……130 g
柠檬汁……10 g
细砂糖……100 g

苹果……2 个（中号）
蛋奶混合液（P.54）……适量
黄油溶液……10 g
细砂糖……5 g
香草糖（P.54）……适量
杏酱（用于点缀）……适量

* 本款苹果挞只会用到上述挞皮、杏仁奶油与糖煮苹果泥的一部分。
* 多余的挞皮能以步骤 9 的状态在冷冻室存放 10 天左右。

准备工作

· 将用于挞皮的黄油解冻至室温。（※1）
· 将杏仁粉、低筋粉、泡打粉过筛，放入冷藏室静置 1 小时。
· 将黄油（不包括在材料清单中）涂抹在模具上，放入冷藏室。

◎ **美味秘诀**
※1……将黄油切成薄片，摊在搅拌盆中解冻。轻轻一按手指能陷进去即可。
※2、3……一定要搅拌均匀。
※4……"碾压"工作做得越到位，黄油就越不容易在加热时析出。
※5……苹果遇热会收缩，所以摆放时要稍稍超出模具。
※6……不要涂抹过多果酱，以免喧宾夺主。

◎ **成品理想状态**
苹果稍稍浮起，边缘颜色变深即可。

◎ **最佳享用时间**
当天 ~ 3 天后。

制作挞皮 ▶▶▶

1

将糖粉加入黄油

用打蛋器将黄油打散后，分 5 次加入糖粉。每次加入都要画圈搅拌 50 次左右。（※2）

2

将全蛋分 3 次加入 1

将打散的全蛋分 3 次加入 1。每加入一次要画圈搅拌 50 次左右。待蛋液完全消失后，再搅拌 50 次左右。（※3）

3

加入杏仁粉、低筋粉与泡打粉

将 2 转移到更大的搅拌盆，先加入杏仁粉，然后加入低筋粉与泡打粉，用木铲翻搅。

4

用"碾压"的动作搅拌

将木铲的正面朝下，"碾压"搅拌至粉末完全消失后，再搅拌 20 次左右，然后揉成一个完整的面团。（※4）

塑形 ▶▶▶

5

用"折叠"的动作搅拌

将刮板插入面团底部，让面团一折为二。该步骤需重复 15 次左右。

6

送入冷藏室静置一整晚

用手调整一下面团的形状，装进保鲜袋，送入冷藏室静置一整晚。

7

将面团擀成圆形面饼，放在模具上

用擀面杖将面团擀成直径 30 cm、厚 3 mm 的圆形。刷去多余面粉后，用叉子戳一些小洞，然后将面饼放在模具上。面饼中央需稍稍下陷。

8

将面饼嵌入模具

沿着模具的边缘，用手指将超出模具的面饼压进模具的内侧。

9

切除多余的面饼，送入冷藏室

用擀面杖在模具上滚一滚，切除多余的面饼（也可以用小刀切除），然后送入冷藏室静置 1 小时左右。

10

挤入杏仁奶油

将杏仁奶油灌入装有 10 mm 宽的平口花嘴的裱花袋，在模具内画出若干条平行线（线条之间不能有缝隙）。然后用刮板将表面抹平。

11

铺一层糖煮苹果泥

用勺子均匀铺上一层糖煮苹果泥。

烤制 ▶▶▶

12

摆放苹果片

苹果去皮后一切二，再切成 1.5 mm 厚的薄片，沿模具边缘呈放射状摆放一圈。相邻的两片要错开约 8 mm。（※5）

点缀 ▶▶▶

13

将苹果块摆在中央

第二圈苹果片的朝向要与第一圈相反。然后在中央摆一些小苹果块，在上面摆第三圈，第三圈要与第二圈相反。最后在中间放一片花形苹果片。

14

涂抹蛋奶混合液与黄油溶液，加热

用刷子涂抹蛋奶混合液与黄油溶液，撒上细砂糖与香草糖后放入烤箱加热。
电烤箱：210℃ 35 ~ 40 分钟
燃气烤箱：180℃ 35 ~ 40 分钟

15

刷一层杏酱

稍稍冷却后，用刷子涂一层稍稍加热过的杏酱即可。（※6）

▶杏仁奶油的做法

1 将糖粉分 5 次加入黄油，用打蛋器画圈搅拌，确保两种食材充分融合。

2 将全蛋与蛋黄打散，分 10 次加入 **1**，充分搅拌，再加入酸奶油与脱脂牛奶，继续搅拌。

3 加入香草精，分 2 次加入杏仁粉。每加入一次食材，都要用木铲画圈搅拌 50 次左右。然后用橡胶刮刀刮下粘在盆壁的奶油，继续搅拌 50 次。

4 放入冷藏室，静置一晚。需要使用时，转移至搅拌盆，放置在室温为 25 ℃的环境下解冻 15 分钟左右，然后用木铲碾压，使其柔软，方便挤压。

▶糖煮苹果泥的做法

1 将苹果切成 2 mm 厚的薄片，加入白葡萄酒与柠檬汁，用文火煮 5 分钟左右。

2 加入一半的细砂糖，继续煮 1 小时，然后再加入剩余的细砂糖，加热 30 分钟左右。最后转大火煮让多余的水分蒸发即可。

▶香草糖的做法

1 将使用过的香草荚晾干，切成小片，再放进搅拌机打成粉末。过筛后，加入等量的细砂糖，搅拌均匀。也可用香草精代替。

▶蛋奶混合液的做法

1 将 54 g 全蛋与 27 g 蛋黄打散，搅拌均匀后，加入 44 g 牛奶、5 g 细砂糖和少许盐，用滤网过滤即可。冷藏可存放 2 ~ 3 天。可用蛋黄代替。

Tartelette au Citron
柠檬迷你挞

这款柠檬挞使用了新鲜的柠檬汁与柠檬皮
娇小迷人的"身形"分外可爱
口味也平易近人，老少咸宜

材料 [使用 4 个直径为 7.5cm 的挞模具]

◎ 挞皮……210 g*
低筋粉……83 g
高筋粉……83 g
黄油……107 g
牛奶……13 g
全蛋……25 g
细砂糖……15 g
盐……3 g

◎ 蛋糊
全蛋……58 g
细砂糖……106 g
黄油溶液……40 g
柠檬皮（碎末）……3/4 个的量
柠檬汁……22 g
香草精……3 滴
柠檬精……用粗竹签蘸 1 滴

* 本款柠檬挞只会用到上述挞皮的一部分。多余的挞皮能以步骤 7 的状态在冷冻室存放 10 天左右。

准备工作

·将搅拌机、擀面杖、面板放进冰箱冷冻室。

·将低筋粉与高筋粉充分搅拌后过筛，放入冷冻室静置 1 小时。

·将黄油切成薄片，放入冷藏室。

·将全蛋打散，加入牛奶、细砂糖与盐，搅拌均匀，放入冷藏室。

·将黄油（不包括在材料清单中）涂在模具上，放入冷藏室。

◎ **美味秘诀**
※1……搅拌时不要打出气泡。
※2……黄油溶液的温度如果不够，就不容易搅拌均匀。
※3……为了防止黄油溶液分层，需看情况分批加入。
※4……摇一摇，确定表面凝固后再出炉。

◎ **成品理想状态**
中央鼓起，整体呈金黄色。

◎ **最佳享用时间**
当天 ~ 3 天后。

制作挞皮 ▶▶▶

1 用搅拌机搅拌面粉与黄油

将冰镇过的面粉与黄油倒入搅拌机搅拌。没有搅拌机，可以用手将黄油捏碎，然后加入面粉，再用手掌揉搓。

2 变成干燥的粉末

要把黄油打成 2 mm 的干燥颗粒。

3 分批加入蛋液

将 2 转移到搅拌盆，用刷子分 6 次将蛋液滴入。

4 用手捞起搅拌

用手捞起粉末，让粉末从指间落下，反复多次，将蛋液与粉末搅拌均匀。

5 放入冷藏室静置

将 4 搓成 4 ~ 5 个小球，用手掌分别揉捏 10 次左右。然后将小球装进保鲜袋，放入冷藏室静置一晚。

6 擀成 3 mm 厚的挞皮

在 5 上撒一些面粉（不包括在材料清单中），再用擀面杖轻轻敲打，让小球更容易被擀开。然后将小球擀成 3 mm 厚的挞皮，扫去多余的面粉。

7

将 6 装入模具，加热（无图）

用模具按出直径为 13 cm 的圆形挞皮，压入涂有黄油溶液的模具，放入冷藏室静置 1 小时。将装有加热过的重物的铝盒（或其他容器）压在模具内侧，进行加热。

电烤箱：190 ℃ 约 10 分钟
燃气烤箱：190 ℃ 约 10 分钟

8

将细砂糖加入全蛋液

将细砂糖加入打散的全蛋，用打蛋器轻轻画圈搅拌，再直线搅拌，直至蛋液轻盈可流动（如图所示）。（※1）

9

加入黄油溶液

将黄油溶液加热至 60 ℃（※2），分 5 次加入 **8**，画圈搅拌直到黄油溶液消失。（※3）

10

加入柠檬皮与柠檬汁

将柠檬皮与柠檬汁加入 **9**，再加入香草精与柠檬精，画圈搅拌。

11

倒入挞皮，加热

将 **10** 倒入已经加热过一次的挞皮（倒满），加热。（※4）

电烤箱：170 ~ 180 ℃ 14 ~ 16 分钟
燃气烤箱：160 ℃ 18 分钟

Tartelette aux Fraises
草莓迷你挞

杏仁奶油烤制而成的迷你挞
加上披着果冻外衣的草莓

材料 [使用 9 个 6cm×10cm 的叶形模具]

挞皮（P.52）……250 g
杏仁奶油（P.54）……90 g
草莓（※1）……27 颗

◎草莓糖浆
草莓……33 g
草莓利口酒……略多于 1 小勺（5.3 g）
细砂糖……10 g
鲜榨柠檬汁……1/2 小勺（2.6 g）

◎草莓果冻
细砂糖……35 g
果胶粉……3 g
草莓……100 g
透明麦芽糖……55 g
鲜榨柠檬汁……13 g

准备工作

· 将黄油（不包括在材料清单中）涂在模具上。
· 制作草莓糖浆。用搅拌机将草莓打碎，过滤后与其他材料搅拌均匀，其他步骤详见 **4**。
· 用来制作果冻的草莓也要用搅拌机打碎，用筛网过滤后备用。

> ◎ **美味秘诀**
> ※1……请选用甜味与酸味都很明显，或是其中一种味道比较明显的品种。
>
> ◎ **成品理想状态**
> 整体呈金黄色，杏仁奶油表面呈浅金色为佳。
>
> ◎ **最佳享用时间**
> 当天。

烤制 ▶▶▶

1 将挞皮擀开，装入模具

在挞皮上撒一些面粉（不包括在材料清单中），用擀面杖擀成 3 mm 厚，再用刷子扫去多余的面粉，装进模具，戳一些小洞，放入冷藏室静置 1 小时。

2 挤入杏仁奶油，加热

将杏仁奶油灌入裱花袋，挤在 **1** 上（如图 a）。用勺子将奶油的表面抹平后加热。
电烤箱：210 ℃ 15 分钟
燃气烤箱：190 ℃ 8 分钟→180 ℃ 4 分钟

点缀 ▶▶▶

3 涂抹草莓糖浆

出炉后，趁热涂抹草莓糖浆（如图 b）。

4 制作草莓果冻

将细砂糖与果胶粉倒入小锅，搅拌均匀后，加入已过滤的草莓，搅拌后加入透明麦芽糖。煮沸后，捞去杂质，再用滤网过滤一遍。然后将小锅浸入冰水，缓缓搅拌，冷却至 50 ℃左右，最后加入柠檬汁。

5 让草莓蘸上一层果冻

摘去草莓的叶片，插在竹签上，浸入 **4** 后捞起，摆在挞上。每个挞摆 3 个草莓。

a   b

Tarte Caraïbe
巧克力挞

掺有淡奶油的巧克力，口感更为浓稠
尽情品味巧克力独有的芬芳与恰到好处的苦涩吧

材料 [使用 1 个直径 18cm 的挞模具]
挞皮（P.52）……230 g

◎ 蛋奶糊
淡奶油……130 g
香草荚……2/3 根
全蛋……50 g
蛋黄……14 g
红糖……20 g
甜味巧克力（烘焙专用）……55 g
半甜巧克力（烘焙专用）……55 g

◎ 甘纳许
甘纳许专用甜巧克力……50 g
西式松露巧克力……50 g
牛奶……42 g
糖浆……20 g

准备工作
· 将黄油（不包括在材料清单中）涂在模具上，送入冷藏室。
· 剥开香草荚，刮下香草籽（P.78，图 13）。
· 将用于蛋奶糊与甘纳许的巧克力分别用 40 ℃ 的热水隔水融化。

◎ 美味秘诀
※1……如果家中没有 2 种不同种类的巧克力，可以只使用半甜巧克力。

◎ 成品理想状态
整体轻轻膨起。用力晃动时，只有中央会微微摇晃。插入的竹签几乎不带出蛋奶糊为佳。

◎ 最佳享用时间
当天 ~ 3 天后。

烤制 ▶▶▶

1 将挞皮擀开，装入模具
在挞皮上撒一些面粉（不包括在材料清单中），用擀面杖擀成 3 mm 厚，再用刷子扫去多余的面粉，装进模具，戳一些小洞，放入冷藏室静置 1 小时。

2 加热
电烤箱：210 ℃ 14 分钟
燃气烤箱：190 ℃ 14 分钟

制作蛋奶糊 ▶▶▶

3 将香草的香味融入淡奶油
将淡奶油、香草荚与香草籽倒入小锅，加热至 80 ℃ 后关火，加盖焖 1 小时左右，让香草的香味融入淡奶油。

4 将红糖加入鸡蛋
用打蛋器将全蛋与蛋黄打散后，加入红糖，搅拌均匀。

5 将巧克力加入 3
将隔水融化的巧克力的一半加入 3，用打蛋器搅拌均匀后，继续搅拌 20 次左右，再加入剩下的巧克力，用同样的方法搅拌。

6 将 5 加入 4
将 5 的一半加入 4，用打蛋器搅拌均匀后，继续搅拌 20 次左右，再加入剩下的 5，用同样的方法搅拌。

烤制 ▶▶▶

7 将蛋奶糊倒入挞皮，加热
将 6 倒入 2（倒满），送入烤箱加热。
电烤箱：200 ℃ 15 分钟
燃气烤箱：180 ℃ 14 分钟

点缀 ▶▶▶

8 制作甘纳许
将牛奶与糖浆搅拌均匀，加热至 40 ℃，加入巧克力溶液，充分搅拌。

9 倒在 7 上
待 7 冷却后，浇上调整至 38 ℃ 的 8（如图 a），再稍稍晃动一下，让甘纳许分布均匀（如图 b）。

a

b

Tarte aux Myrtilles
蓝莓挞

吸饱蓝莓汁的馅料，才是这款蓝莓挞的亮点
顶层的杏仁，带来一份不一样的香脆

材料
[使用 1 个直径 18cm 的菊花形模具]

挞皮（P.52）……300 g

◎馅料
杏仁（带皮）……60 g
细砂糖……30 g
全蛋……40 g
橙皮……20 g
蜂蜜……10 g

蛋白霜
┌ 蛋白……65 g
└ 细砂糖……10 g
低筋粉……12.5 g
高筋粉……12.5 g
┌ 蓝莓（罐头）……120 g
│ 蓝莓罐头汤……120 g
└ 柠檬果泥……20 g
杏仁薄片……20 g

◎蓝莓酱……80 g*
蓝莓罐头汁……100 g
细砂糖……100 g
果胶粉……2 g
柠檬果泥*
　……2.5 小勺（12.4 g）
透明麦芽糖……10 g

* 本款蓝莓挞只是用上述蓝莓果酱的一部分。
* 柠檬果泥可用柠檬汁代替。

准备工作

· 将黄油（不包括在材料清单中）涂在模具上。
· 在挞皮上撒一些面粉（不包括在材料清单中），用擀面杖擀成 3 mm 厚，戳一些小洞，装进模具，放入冷藏室静置 1 小时。
· 将烤箱设定为 180 ℃，放入带皮的杏仁加热 10 分钟，烤成金黄色。
· 将橙皮切碎，捣成糊状。
· 将罐装蓝莓中的汁与柠檬果泥搅拌均匀后静置 1 天。
· 制作蓝莓果酱。将细砂糖与果胶粉搅拌均匀后加入柠檬果肉，充分搅拌后用火加热，同时用木铲搅拌。水分蒸发后，加入透明麦芽糖即可。

◎ **美味秘诀**
※1……不要打得太碎，这样才能保留松脆的口感。
※2……汤水太多会影响口感，所以要把汤水沥干。

◎ **成品理想状态**
挞皮与杏仁都变成金黄色即可。

◎ **最佳享用时间**
当天 ~ 3 天后。

制作馅料 ▶▶▶

1

将杏仁与细砂糖倒入搅拌机

将杏仁与细砂糖倒入搅拌机，把杏仁打成 3 ~ 4 mm 的碎片。（※1）

2

加入鸡蛋、橙皮与蜂蜜

将 1 转移到搅拌盆，加入全蛋与橙皮，用搅拌器（1 根搅拌棒）高速搅拌 2 分钟，然后加入蜂蜜，继续搅拌 40 秒。此时馅料会变得十分厚重。

烤制 ▶▶▶

3

分 2 次加入蛋白霜

另取一个搅拌盆，倒入蛋白与细砂糖，用搅拌器中速搅拌 1 分钟，转高速搅拌 1 分 30 秒。然后将其中的一半加入 2，画圈搅拌，再加入剩下的另一半，搅拌至蛋白霜完全消失。

4

加入面粉与蓝莓

分 2 次加入面粉，每加入一次，都要用搅拌棒画圈搅拌，直到粉末完全消失。然后加入沥去多余汤汁的蓝莓（※2），用橡胶刮刀搅拌均匀。

5

将果酱倒入挞皮

将静置过的蓝莓酱倒入挞皮。

6

倒入馅料，加热

将馅料倒入挞皮，表面抹平，撒上杏仁薄片后送入烤箱加热。冷却后撒上糖粉（不包括在材料清单中）即可。
电烤箱：170 ℃ 55 分钟
燃气烤箱：160 ℃ 55 分钟

Lambada
香蕉椰子挞

加了椰蓉的馅料口感松脆，百吃不厌
用朗姆酒腌过的香蕉与葡萄干也各有特色

材料

[使用8个4.5cm×7cm的椭圆形模具]

挞皮（P.52）……250g

◎馅料

┌ 全蛋……25g
│ 糖粉……50g
│ 酸奶油……10g
│ 淡奶油……10g
└ 香蕉甜汤*……10g

椰蓉*……55g

香蕉（切成7mm厚的小块）……16块

用朗姆酒腌制的葡萄干（购买成品）

……24粒

糖粉（点缀）……适量

* 香蕉甜汤的制作方法：将鲜榨柠檬汁、细砂糖、白朗姆酒各10g混合搅拌均匀，将香蕉浸泡在其中的10g中。本款香蕉椰子挞只使用腌制时产生的甜汤。
* 椰蓉为2～3mm粗，可直接在商店购买。

准备工作

· 在挞皮（※1）上撒一些面粉（不包括在材料清单中），用擀面杖擀成2mm厚，用直径为10cm的圆形模具按出圆形的小面饼，装进模具，戳一些小洞，放入冷藏室静置1小时。
· 将酸奶油与淡奶油搅拌均匀备用。
· 将香蕉块放入香蕉甜汤中浸泡30分钟。（※2）

◎ **美味秘诀**
※1……制作挞皮时，可以加入略少于1/5小勺的肉桂，增添风味。
※2……如此一来，香味会变得更有层次，味道也会更浓郁。
※3……汤汁充分吸收了香蕉的香味，可用作"香蕉香精"。

◎ **成品理想状态**
挞皮与馅料表面呈金黄色为佳。

◎ **最佳享用时间**
当天～3天后。

制作馅料 ▶▶▶

1

将糖粉加入全蛋
用打蛋器将全蛋打散，加入糖粉后直线搅拌。

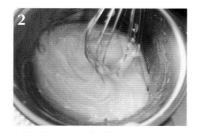

2

加入酸奶油与淡奶油
将事先搅拌好的酸奶油与淡奶油加入**1**，画圈搅拌。

3

加入香蕉甜汤
取出浸泡在甜汤中的香蕉，只将甜汤倒入**2**，稍稍画圈搅拌。（※3）

4

加入椰蓉
加入椰蓉，用橡胶刮刀翻搅。5分钟后，椰蓉就会吸饱水分。

5

将香蕉与葡萄干装入挞皮
每个模具中放2块香蕉与3粒葡萄干。

烤制 ▶▶▶

6

装入馅料，加热
将馅料装入模具，将表面抹平后送入烤箱加热。冷却后撒上糖粉即可。
电烤箱：200℃ 20分钟
燃气烤箱：180℃ 15分钟

Sablé aux Noix de Coco
椰蓉酥饼

Sablé au Chocolat
巧克力酥饼

椰蓉酥饼松软可口
巧克力酥饼则稍硬一些，十分香脆

材料 [直径 4cm，各 30 ～ 32 块]

◎ 椰蓉酥饼
黄油……100g
糖粉……40g
蛋黄……14g
香草精……4 滴
椰蓉……100g
低筋粉……100g
粗砂糖 *……适量

◎ 巧克力酥饼
黄油……88g
糖粉……50g
盐……略少于 1/5 小勺（0.9g）
香草精……5 滴
低筋粉……125g
甜味巧克力（烘焙专用）……50g
粗砂糖 *……适量

* 粗砂糖就是颗粒比细砂糖稍粗一些的砂糖。

准备工作

·将黄油解冻至室温。
·将烘焙纸铺在烤盘上。
·将糖粉与盐搅拌均匀（用于巧克力酥饼）。
·将巧克力切碎（※1），用筛孔较粗的筛子筛一遍（用于巧克力酥饼）。

◎ 美味秘诀
※1……不要切得太细小，这样能享受到巧克力的口感。
※2……在切割前，将原本存放在冷冻室的面团转移到冷藏室解冻 5 分钟，待温度稍稍上升后，再用湿毛巾把面团的表面弄湿，如此一来，面团就不容易裂开了。

◎ 成品理想状态
中央颜色较浅，边缘呈金黄色。

◎ 最佳享用时间
当天 ～ 10 天后。
请与干燥剂一同存放。

椰蓉酥饼

制作面团 ▶▶▶

1 分 5 次将糖粉加入黄油

用打蛋器将黄油打散，分 5 次加入糖粉，迅速画圈搅拌 80 次左右。

2 分 3 次将蛋黄加入 1

分 3 次将打散的蛋黄加入 1，每加入一次，都要迅速画圈搅拌 80 次左右，然后加入香草精。

3 加入椰蓉

分 2 次加入椰蓉，每加入一次，都要用木铲直线搅拌至椰蓉完全消失，然后用铲子较大的那一面碾压 30 次左右（如图 a、b）。

4 加入低筋粉，搅拌均匀

加入一半低筋粉，用手指揉捏，稍稍搅拌后，加入剩余的低筋粉，用同样的方式揉捏。再将面团翻身，用手按压、揉捏至面粉完全消失（如图 c）。

5 搓成棒状，送入冷冻室

撒一些面粉（不包括在材料清单中）在面板上，将 4 放在上面滚动，搓成 32cm 长的棒状面团，再用刮板将面团的两端压平，送入冷冻室静置一晚。该状态的面团可保存 15 天。

烤制 ▶▶▶

6 撒上粗砂糖，加热

将粗砂糖铺在烤盘或其他容器上，将 5 放在上面滚一滚，让砂糖充分附着在面团表面。将面团切成 1cm 厚的小块，送入烤箱加热。（※2）
电烤箱：210℃ 11 分 30 秒
燃气烤箱：180℃ 10 分 30 秒

巧克力酥饼

大致做法与椰蓉酥饼相同。盐与糖粉同时加入，碎巧克力则在剩下的一半面粉即将融入面团时加入。最后将面团搓成 30cm 的长棍，再切成 1cm 厚的小块，送入烤箱加热即可。

a

b

c

Tuiles aux Amandes
杏仁瓦片

高温打造的鲜明口感与扑鼻香味，正是这款饼干的过人之处
出炉后立刻装入鹿背蛋糕（Rehrucken）的模具，才能有动人的曲线

材料 [直径 7cm，18 ~ 19 块]

全蛋……27g
蛋白……13g
细砂糖……62g
酸奶油……3g
橙味香精……2.6g*
香草精……5滴
低筋粉……12g
焦香黄油（P.21，※1）……19g
杏仁薄片……62g

* 没有橙味香精也可以不用。

准备工作

·将酸奶油解冻至室温。
·将烘焙纸铺在烤盘上。

◎ **美味秘诀**

※1……如果焦味太重，会影响其他食材的味道，请务必小心。

※2……焦香黄油要加热到一定温度后再加入，这样更容易搅拌均匀。

※3……静置成团，能让成品的口味与香味更上一层楼，不过一定要在第二天完成烤制工作。如果是炎热的夏季，则要存放在阴凉处。

◎ **成品理想状态**

边缘颜色较深，中央残留些许白色为佳。

◎ **最佳享用时间**

当天 ~ 1 周后。
请与干燥剂一同存放。

制作面糊▶▶▶

1 将细砂糖加入鸡蛋

用打蛋器将全蛋与蛋白打散，然后加入细砂糖，迅速进行画圈搅拌。

2 加入酸奶油、低筋粉等配料，搅拌均匀

加入酸奶油、橙味香精、香草精，搅拌均匀。然后加入低筋粉，画圈搅拌至粉末完全消失。

3 分 2 次加入焦香黄油

用勺子分2次将加热至40~50℃的焦香黄油（※2）滴入 **2**，每滴一次，都要画圈搅拌，直至黄油完全消失。

4 加入杏仁薄片

加入杏仁薄片，用木铲轻轻搅拌，以防薄片破碎。

5 放在室温环境下静置一晚

装入密封容器，放在室温环境下静置一晚。（※3）

烤制▶▶▶

6 压成薄饼，送入烤箱

充分搅拌面糊，分成小团，摆在烤盘上。用蘸过水的叉子压成薄薄的圆形（如图a），送入烤箱加热。
电烤箱：230℃ 6 ~ 7分钟
燃气烤箱：200℃ 6 ~ 7分钟
出炉后立刻倒着装入鹿背蛋糕模具，调整形状（如图b）。

a

b

Batonnet au Fromage
奶酪棒

这款甜点不是很甜，拿来当下酒小食再合适不过了
艾登奶酪的浓郁香味，配以爽脆的口感
唇齿留香，回味无穷

材料 [1cm×8cm，约44根]

低筋粉……50g
高筋粉……50g
艾登奶酪 * （碎末）……50g
黄油……50g
黑胡椒（粗末）……1g
水……22g
细砂糖……10g
盐……2/5 小勺（1.6g）
奶酪香精 *……8g
蛋奶混合液（P.54）……适量
艾登奶酪（碎末，用于点缀）……30g

* 艾登奶酪原产荷兰，加热后会散发出浓郁的香味。
* 奶酪香精，就是有奶酪香味的香精。如果没有也可以不加。

准备工作

· 将搅拌机、擀面杖、面板放进冰箱冷冻室。
· 将黄油切成薄片，放进冷藏室。
· 将烘焙纸铺在烤盘上，用喷雾器喷一些水。（※1）

◎ **美味秘诀**
※1……水分能防止面团遇热后过分干燥。
※2……面团比较硬，很容易裂开，所以要多撒
一些面粉之后再擀。

◎ **成品理想状态**
整体呈金黄色为佳。折断
后出现的断面也要烤成
金色。

◎ **最佳享用时间**
当天～1周后。
请与干燥剂一同存放。

制作面团 ▶▶▶

1 将面粉、奶酪、黄油倒入搅拌机

将面粉、艾登奶酪与黄油倒入搅拌机，打成细小的碎末。

2 加入黑胡椒与水

将 **1** 转移至搅拌盆，加入黑胡椒。另取一个容器，将水、
细砂糖、盐与奶酪香精搅拌均匀。用刷子蘸取混合液，反
复多次滴入搅拌盆，再按 P.56 的 **4 ~ 5** 用手揉搓。

3 揉成面团，放进冷藏室

将 **2** 揉成面团，再用力揉捏 10 次左右，确保各种配料分布
均匀。然后将面团装进塑料袋，放进冷藏室静置一晚。

塑形 ▶▶▶

4 将面团擀开，切开

在面团上撒一些面粉（不包括在材料清单中），再用擀面杖轻
轻敲打面团，让面团变软后，再将其擀成 16cm×22cm 的长方
形，厚度要控制在 3mm 左右。然后用轮刀切成 1cm 宽、8cm
长的小棒（如图 a，※2）。

5 放入冷藏室静置

为了防止面饼遇热收缩，需要将其放入冷藏室静置 1 小时
左右。

烤制 ▶▶▶

6 撒上奶酪，加热

在面饼表面刷一层薄薄的蛋奶混合液，再撒上满满一层艾
登奶酪。用擀面杖在面饼表面轻轻滚一滚，让奶酪牢牢粘
在面饼上（如图 b）。然后将小棒拆开，送入烤箱加热。
电烤箱：180℃ ~ 190℃ 16 分钟
燃气烤箱：160℃ 16 分钟

a

b

Macaron aux Noix
核桃马卡龙

入口即化的口感让人大开眼界
面糊中加入了核桃，夹心则是咖啡味的黄油奶油

材料 [直径 3cm，约 15 个]

杏仁（去皮）……100 g
细砂糖……166 g
蛋白……70 g
核桃……100 g
香草精……5 滴
苦杏仁香精*……用竹签蘸 2 滴
咖啡奶油（P.26）……100 g

* 苦杏仁香精的作用是提升香味。

准备工作

· 将核桃切成 3 mm 大的碎末。
· 将烘焙纸铺在烤盘上。

◎ 美味秘诀
※1……打到杏仁稍稍出油。
※2……如果太软，就多加一些核桃，调整面糊硬度。

◎ 成品理想状态
整体呈浅金色。

◎ 最佳享用时间
需冷藏，当天～3 天后。

a

b

制作面糊 ▶▶▶

1 用搅拌机搅拌杏仁与细砂糖

将杏仁与细砂糖倒入搅拌机打碎，直到杏仁变成 1 mm 的碎末。（※1）

2 分 2 次将蛋白加入 1

将一半蛋白加入 1，继续用搅拌机搅拌。蛋白开始凝固后，再加入剩下的一半，搅拌成糊状，能缓缓流动为佳（如图 a）。杏仁不用打得非常碎。

3 加入核桃

将 2 转移到搅拌盆，加入核桃，用木铲画圈搅拌。加入香草精、苦杏仁香精，搅拌均匀。

烤制 ▶▶▶

4 挤出面糊，加热

将 3 灌入装有 15 mm 圆形花嘴的裱花袋，挤成直径为 3 cm、高度为 1.5 cm 的小团（如图 b），送入烤箱加热。
电烤箱：180℃ 9 分钟
燃气烤箱：170℃ 6 分 30 秒

组装 ▶▶▶

5 注入咖啡奶油夹心

待 4 冷却后，将咖啡奶油灌入装有 15 mm 圆形花嘴的裱花袋，在一片小圆饼上挤出 3 mm 厚，再叠上另一片小圆饼即可。

Biscuit à la Cuillère
Biscuit à la Cuillère au Thé
原味 / 红茶饼干

表面干脆，内部松软，口感轻盈
仿佛白糖做成的甜点一般，入口即化，分外淡雅

材料 [2.4 cm × 8 cm，16 根]
◎原味饼干
蛋黄……40 g
细砂糖……42 g
蛋白霜
┌ 蛋白……64 g
└ 细砂糖……32 g
低筋粉……32 g
高筋粉……32 g
糖粉、细砂糖（用于点缀）……适量

准备工作
· 在烘焙纸上画出 8 cm × 4 cm 的格子，然后铺在烤盘上。

◎ 美味秘诀
※1、2……如果搅拌得太快，蛋白霜的泡沫就会消失，影响成品的口感。
※3……放置时间太久，面糊会变松变软，所以要全部用尽。

◎ 成品理想状态
整体呈浅金色即可。

◎ 最佳享用时间
次日 ~ 1 周后。
请与干燥剂一同存放。

a

红茶饼干的做法
将 13 g 红茶（切成碎末，或用研磨机碾碎，然后过筛）与面粉一同加入即可。其他步骤与原味饼干相同。

制作面糊 ▶▶▶

1 将细砂糖加入蛋黄
使用手持搅拌器（1 根搅拌棒），用中速搅拌 5 秒，将蛋黄打散，然后加入细砂糖，再用高速搅拌 1 分 15 秒。

2 制作蛋白霜
另取一个搅拌盆，倒入蛋白与 10 g 细砂糖，用手持搅拌器（2 根搅拌棒）搅拌。先用中速搅拌 1 分钟，再用高速搅拌 1 分 30 秒，最后加入余下的细砂糖，再搅拌 30 秒。

3 将 2 加入 1
在 2 的中央挖出一个凹槽，将 1 全部倒入。用搅拌棒缓缓画圈搅拌。（※1）

4 逐步加入面粉
在 2/3 的蛋白霜消失时，用勺子逐渐加入低筋粉与高筋粉。每加一次，都要用搅拌棒缓缓画圈搅拌，直至粉末完全消失。加入一半面粉后，转移至另一个搅拌盆，促进面糊流动。然后加入剩下的面粉，继续搅拌，最后用橡胶刮刀将搅拌盆内壁刮干净，再搅拌 5 次左右。（※2）

5 挤成棒状
将 4 灌入装有 13 mm 圆形花嘴的裱花袋，在画了格子的烘焙纸上挤出 8 cm 长、2.4 cm 粗的条（如图 a，※3）。

烤制 ▶▶▶

6 撒上糖粉与细砂糖，加热
撒上糖粉，静置 5 分钟，使表面稍稍干燥一些。然后先撒一层细砂糖，再撒一层糖粉，送入烤箱加热。出炉后，先让饼干自然干燥一晚，再装入密封容器存放。
电烤箱：150 ℃ 20 分钟
燃气烤箱：130 ℃ 20 分钟

2

松软の甜点

Gâteau aux Fraises
草莓蛋糕

人见人爱的经典蛋糕
顺滑的淡奶油，还有酸酸甜甜的草莓
与杏仁风味的温润蛋糕相得益彰

材料

[使用 1 个直径 18cm 的杰诺瓦士蛋糕模具]

◎海绵蛋糕胚

全蛋……80 g

蛋黄……30 g

杏仁粉……65 g

细砂糖……65 g

蛋白霜

┌ 蛋白……60 g

└ 细砂糖……50 g

低筋粉……30 g

高筋粉……30 g

黄油溶液……30 g

◎装饰

糖浆

┌ 水……50 g

│ 细砂糖……15 g

└ 樱桃酒……5 g

草莓……约 20 个（中等大小）

淡奶油……300 g

细砂糖……30 g

樱桃酒……10 g

草莓果冻（P.75）……少许

开心果……少许

准备工作

·黄油溶液需在使用前加热到 40 ℃。

·在模具内侧铺烘焙纸。

·制作糖浆。将水与细砂糖搅拌均匀后加热，沸腾后关火，冷却后倒入樱桃酒即可。

·摘去草莓蒂，将草莓切成 7 mm 厚的薄片，留 7 个完整的草莓用于最后的装饰。

·将 7 个用于装饰的草莓浸入草莓果冻再捞出，然后放入冰箱冷却。

◎ **美味秘诀**

※1……要保证蛋白霜的气泡足够绵密浓厚，如此一来，加入其他食材之后，气泡也不会消失。

※2……为了突出樱桃酒的风味，淡奶油要稍稍打出气泡后加入。

◎ **成品理想状态**

蛋糕胚遇热后会变高，表面会变平，四周的边缘则会往里收缩 3 ~ 5 mm。

◎ **最佳享用时间**

需冷藏，30 分钟后 ~ 当天。

制作蛋糕胚 ▶▶▶

1

充分搅拌鸡蛋、杏仁粉与细砂糖

将全蛋、蛋黄、杏仁粉与细砂糖倒入搅拌盆，用手持搅拌器（1 根搅拌棒）高速搅拌 2 分 30 秒。

2

打出气泡

用搅拌棒捞起后，面糊如丝带般缓缓落下，并在搅拌盆中留下痕迹即可。

3

制作蛋白霜

另取一个搅拌盆，倒入蛋白与 10g 细砂糖，用手持搅拌器（2 根搅拌棒）进行搅拌。先用中速搅拌 1 分钟，调至高速搅拌 2 分钟，最后加入余下的细砂糖，再搅拌 1 分钟。

蛋白霜的状态

气泡细腻,表面有光泽,能拉出有硬度的尖角。(※1)

将蛋白霜加入 2,稍加搅拌

将蛋白霜从尽可能低的位置倒入 2,用搅拌棒缓缓画圈搅拌,小心不要把蛋白霜的气泡全部戳破。不必搅拌至白色的蛋白霜完全消失。

用勺子舀 2 勺面粉加入 5

用勺子舀 2 勺面粉,均匀撒入 5,用搅拌棒缓缓画圈搅拌。

再次加入面粉,搅拌

在上一批面粉完全消失之前,再加入 2 勺面粉,用同样的方法搅拌。

将面糊转移到另一个搅拌盆

将面糊转移到另一个搅拌盆,让停留在底部的蛋白霜来到上层。

烤制 ▶▶▶

加入剩余的面粉与黄油溶液

按 6 的操作方法重复"加面粉→搅拌"的步骤,然后分 2 次加入加热到 40 ℃的黄油溶液。每加入一次,都要用搅拌棒画圈搅拌。

用橡胶刮刀刮下内壁的面糊

待黄油溶液消失后,用橡胶刮刀刮下搅拌盆内壁的面糊,最后再用搅拌棒画圈搅拌 2 次。

装饰 ▶▶▶

倒入模具加热

将面糊缓缓倒入模具,中央稍稍压一下,使之凹陷,然后送入烤箱加热。
电烤箱:170 ℃ 45 分钟
燃气烤箱:160 ℃ 45 分钟

脱模,冷却

将模具倒扣在铺烘焙纸与晾架的烤盘上,让蛋糕胚脱离模具。之所以倒扣,是为了让蛋糕上下的密度更均匀。冷却后,揭下烘焙纸。

将蛋糕胚切成 2 cm 厚

让加热时裸露在外的那一面朝上,切下颜色较深的表面。然后让底面朝上,取两条 2 cm 高的木条夹住蛋糕胚,切出 2 片 2 cm 厚的蛋糕片。

涂抹糖浆

用刷子在 2 片蛋糕片上涂抹糖浆,然后放入冷藏室静置。

将淡奶油打出气泡

将淡奶油倒入搅拌盆,再将搅拌盆浸入冰水,同时用手持搅拌器(2 根搅拌棒)高速搅拌。打到捞起时奶油会缓缓滴落,且液体表面的痕迹会迅速消失即可。

16

加入细砂糖与樱桃酒

加入细砂糖与樱桃酒，用打蛋器进行直线搅拌。（※2）

17

打发至奶油呈丝带状

继续搅拌，直至捞起奶油时呈丝带状落下，且会在搅拌盆中留下不明显的痕迹。将奶油的1/4用于蛋糕片之间，1/2用于蛋糕表面，1/4用于裱花。

18

在蛋糕片上涂抹淡奶油

蛋糕垫纸放在裱花台上，将 **14** 的一片蛋糕叠在上面。将一半用于"蛋糕片之间"的淡奶油倒在中央，一边旋转蛋糕，一边用抹刀将奶油铺开。

19

抹平奶油的表面

待奶油完全铺开后，将抹刀放平，贴在蛋糕表面，用另一只手转动裱花台，将奶油的表面抹平。

20

摆放草莓片

将草莓片从外向内摆放在蛋糕上（呈放射线状）。然后再次用 **18** 的方法，将剩下的一半奶油涂抹在草莓上，叠加另一块蛋糕片。

21

将淡奶油涂满蛋糕的表面

将用于"蛋糕表面"的淡奶油倒在蛋糕中央，用 **18~19** 的方法涂抹均匀。然后用抹刀捞起少许淡奶油，从上往下涂抹在蛋糕的侧面。

22

将蛋糕的侧面抹平

将抹刀竖起，顶住裱花台，同时将裱花台转动一周，将侧面的奶油抹平。

23

撇去多余的奶油

用抹刀将边缘溢出的奶油往蛋糕中间刮。

24

重新打发一遍用于裱花的奶油

用冰水冷却用于裱花的淡奶油，同时用打蛋器直线搅拌，提升奶油的硬度。

25

挤出淡奶油，点缀草莓

将 **24** 灌入装有星形花嘴的裱花袋，在蛋糕表面挤出8个小圈。撒上切碎的开心果，在蛋糕中间点缀浸过草莓果冻的草莓后，放入冰箱冷藏即可。

◎特制海绵蛋糕

一般情况下，我们会使用比较细腻的蛋糕胚制作奶油蛋糕。不过我们想借此机会，向大家隆重推出这款特殊的蛋糕胚。制作这种蛋糕胚的诀窍在于蛋黄与蛋白分开打发，如此一来，蛋黄与杏仁的香味就会更明显。虽然蛋糕胚内的气泡比较粗，但它吸收糖浆后不会变得特别软，能保留一定的硬度与风味。使用这款蛋糕胚，单调的奶油蛋糕也能让人眼前一亮。

草莓蛋糕的变种
草莓果冻蛋糕

在表面涂一层果冻，可以让蛋糕的颜色更加鲜艳
如果您使用的草莓是味道比较淡的品种，也很适合使用这种方法

◎果冻的做法

材料

细砂糖……35 g
果胶粉……3 g
过滤的草莓汁……100 g
鲜榨柠檬汁……13 g
透明麦芽糖……55 g

将细砂糖与果胶粉倒入小锅，搅拌均匀后，加入草莓汁与其他材料，一边加热，一边轻轻搅拌。边缘处开始沸腾后，捞出杂质（如图 a），趁热过滤，冷却。

装饰 ▶▶▶

1 蛋糕的做法与 P.72 ~ P.74，**23** 前的步骤完全相同。蛋糕的顶层也要从外到里摆满草莓片，然后用刷子刷上厚厚一层果冻（如图 b）。

a

b

Choux à la Crème
奶油泡芙

稍有厚度，但不失香脆的外皮，配以醇香的卡仕达酱
还有清新的淡奶油，带给您十二分的满足
只要有一部手持搅拌器，泡芙的外壳也能轻松搞定

材料［约 18 个］

◎外壳

水……70g

牛奶……70g

黄油……56g

细砂糖……1/2 小勺（2.7g）

盐……1g

低筋粉……43g

高筋粉……43g

全蛋……170g

蛋奶混合液（P.54）……适量

◎卡仕达酱

［使用此配方可做出630g卡仕达酱,也可以将所有原料减半,少做一些］

牛奶……400g

香草荚……1/2 根

蛋黄……120g

细砂糖……80g

低筋粉……15g

高筋粉……20g

黄油……25g

◎组装

淡奶油（乳脂 48%）……135g

细砂糖……20g

香草糖 *……3g

卡仕达酱……250g

糖粉……适量

* 带有香草香味的细砂糖（可在商店直接购买）,没有也可以不用。

准备工作

◎外壳

·将黄油切碎。

·将全蛋打散备用。

◎卡仕达酱

·将黄油切碎。

◎ **美味秘诀**

※1……卡片的做法：使用泡沫塑料或其他材料,切成 3cm×5cm 的长方形,然后在距离底部 3cm 的位置划一条线（如图）。

※2……如果面糊太硬,加热后就无法充分膨胀,还容易裂开。如果面糊太软,成品就无法膨胀到理想的高度了。

※3……挤面糊时,要固定裱花袋的位置,花嘴距离烤盘 1cm 为佳。最后要慢慢松手,画出一个小圈。

※4……如果使用燃气烤箱,则需要在加热前在面糊上喷一些水雾。

※5……如果搅拌速度太快,或是搅拌过度,面糊中就会产生过多的麸质,导致面糊口感黏腻。

※6……不要将淡奶油与卡仕达酱搅拌得太均匀,这样品尝时才能感到两种不同的口感。

◎ **成品理想状态**

膨大的外壳与开口都要烤成深金色。千万不要在加热时间结束前打开烤箱。

◎ **最佳享用时间**

当天。

如果不是立刻享用,则需放入冷藏室。

制作外壳 ▶▶▶

1

加热面粉与全蛋之外的材料

将水、牛奶、黄油、细砂糖与盐倒入小锅煮沸,不要沸腾太久,否则水分会过度蒸发。

2

关火,加入面粉

关火,一次性加入所有面粉,用木铲迅速搅拌。

3

用中火加热,搅拌均匀

用中火加热,用力搅拌。当面团成形,锅底出现一层薄膜时,停止加热。

4

将 1/4 的全蛋加入 1/3 的 3

将 1/3 的 **3** 转移至搅拌盆，加入 1/4 的全蛋液，用调成中速的手持搅拌器（2 根搅拌棒）搅拌均匀。剩下的 **3** 要用湿毛巾盖好，以免表面变干。

5

按同样的比例加入蛋液与面团

搅拌均匀后，再加入 1/4 的全蛋液与 1/3 的 **3**，用手持搅拌器搅拌均匀。

6

加入剩余的面团与蛋液

加入剩余的面团与 1/4 的全蛋液，用同样的方法搅拌。搅拌均匀后，再继续搅拌 30 秒。

7

将剩余的蛋液分 2 次加入

观察面糊的硬度，分 2 次加入剩余的蛋液。每加入一次，都要搅拌均匀。具体加入多少蛋液，视面糊的硬度而定，也许不需要加入全部的蛋液。

8

确认面糊的硬度

将卡片（※1）插入面糊 3 cm，划一下。理想的硬度是"5 秒左右恢复原状"。（※2）

烤制 ▶▶▶

9

在烤盘上做好记号

在烤盘上铺一张锡箔纸，涂抹黄油溶液。用直径 5 cm 的圆形模具蘸取少许低筋粉，在锡箔纸上画圈。圈与圈之间要留出一定的空隙。

10

挤出面糊

将面糊灌入装有 10 mm 圆形花嘴的裱花袋，挤入记号中。（※3）

制作卡仕达酱 ▶▶▶

11

涂抹蛋奶混合液，送入烤箱

面糊表面刷蛋奶混合液，入烤箱加热。
电烤箱：190 ℃ 30 分钟
燃气烤箱：预热至 250 ℃→停止加热 2 分钟→170 ℃ 30 分钟（※4）

12

加热至表面呈金黄色

烤箱内的温度一旦下降，外壳就会变软收缩，所以加热途中请不要打开箱门。最后，将烤好的外壳放在晾架上冷却。

13

加热牛奶与香草荚

将牛奶与香草荚（打开，刮出种子，种子与种荚都要使用）倒入铜锅，煮沸后关火，捞出香草荚。

14

搅拌蛋黄与细砂糖

另取一个搅拌盆倒入蛋黄与细砂糖，用打蛋器直线搅拌，直到蛋液发白。

15

加入面粉，搅拌均匀

加入面粉，缓缓画圈搅拌（※5），直到粉末消失。

16

分 3 次加入 13 的一半

用长柄勺舀一勺 **13**，加入 **15**，缓缓画圈搅拌。搅拌均匀后，再加一勺。以此类推。

17

将剩下的 13 煮沸，加入 16

将剩下的 **13** 煮沸后关火。然后一边倒入 **16**，一边用打蛋器缓缓画圈搅拌。

18

边搅拌边加热

用稍强的中火加热 **17**，同时缓缓搅拌，结团了也不要紧。搅拌盆会变得很烫，操作时请务必小心。

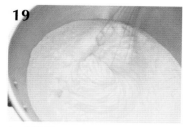

19

迅速搅拌，让液体变得顺滑

待搅拌盆边缘的液体开始凝固，并出现大气泡时，加快画圈搅拌的速度，但也不要搅拌得太快。

20

完全煮沸后，搅拌 15 秒

完全煮沸后，继续搅拌 15 秒左右。液体会先变硬，然后突然变软。请在变软的那一瞬间停止搅拌。

组装 ▶▶▶

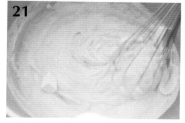

21

加入黄油，画圈搅拌

加入切碎的黄油，缓缓画圈搅拌 30 次左右。

22

用冰水冷却

将 **21** 转移至另一个搅拌盆，一边用冰水冷却，一边用木铲缓缓搅拌。待温度下降至 20 ℃左右时，送入冷藏室存放（请务必在 3 天内用尽）。

23

打发淡奶油

将装有淡奶油的搅拌盆浸在冰水中，用打蛋器直线搅拌，直到奶油能拉出有硬度的尖角。然后加入细砂糖与香草糖，轻轻搅拌。

24

将 23 的 1/3 加入卡仕达酱

用木铲轻轻搅拌卡仕达酱，然后加入 **23** 的 1/3，搅拌至淡奶油完全消失。

25

加入剩下的 23

加入剩下的 **23**，轻轻搅拌至淡奶油形成大理石般的花纹。（※6）

26

将奶油装入泡芙的外壳

用锯齿刀在外壳上斜着划出一道口子，舀一大勺 **25** 塞进去，撒上糖粉即可。

Èclair
闪电泡芙

巧克力与咖啡的苦味恰到好处，打造出优雅成熟的口感
别具特色的甘甜巧克力酱与咖啡酱，正是这款闪电泡芙的魅力所在

材料［巧克力、咖啡味各 6 个］

泡芙外壳面糊（P.77，※1）……全部

◎巧克力闪电泡芙
卡仕达酱（P.77）……215 g
甜味巧克力（烘焙专用）……40 g
西洋松露巧克力（表面酱汁）……300 g

◎咖啡闪电泡芙
卡仕达酱（P.77）……335 g
速溶咖啡粉……1 大勺
牛奶……1 大勺
泡芙表面的咖啡酱
┌ 糖粉……100 g
│ 速溶咖啡粉……2 小勺
└ 牛奶……3 小勺

准备工作

·将泡芙外壳的面糊灌入装有 13 mm
圆形花嘴的裱花袋，挤出 12 条
12 cm 长的小棒。加热的时间与温
度和普通泡芙相同。出炉后要充分
冷却。

·隔水融化甜味巧克力。

◎ **美味秘诀**

※1……为了方便在表面涂抹酱汁，需调整面糊中的鸡蛋含
量，让面糊的硬度更高一些。

◎ **最佳享用时间**

当天。
如果不是立刻享用，需放入冷
藏室冷藏，食用前再取出，恢
复到室温。

组装▶▶▶

1

蘸巧克力酱

该步骤用于巧克力闪电泡芙。隔水加
热，使西洋松露巧克力融化。将泡芙
外壳横向一切二，用"盖子"蘸一蘸
巧克力，然后将它晾在晾架上。

2

制作巧克力奶油

用打蛋器轻轻打散卡仕达酱，加入融
化的甜味巧克力，搅拌均匀。

3

挤入泡芙

将 2 灌入装有 13 mm 圆形花嘴的裱
花袋，挤入泡芙的底座，盖上泡芙的
"盖子"即可。

4

蘸咖啡酱

该步骤用于咖啡闪电泡芙。用打蛋器
搅拌牛奶冲泡的速溶咖啡和糖粉，制
成咖啡酱。然后用 **1** 的方法，让泡
芙的"盖子"蘸上咖啡酱。

5

制作咖啡奶油，挤入泡芙

用打蛋器轻轻打散卡仕达酱，加入用
牛奶冲泡的速溶咖啡，用木铲搅拌均
匀后，用 **3** 的方法挤入泡芙外壳即可。

泡芙的变种

泡芙塔

将挤满淡奶油的迷你泡芙叠起来
浇上热腾腾的巧克力酱

材料［约3盘］

泡芙外壳面糊（P.77）……全部
◎点缀
淡奶油……125 g
细砂糖……25 g
香草糖……2 撮
巧克力酱
┌ 牛奶……30 g
│ 黄油……5 g
└ 甜味巧克力（烘焙专用）……40 g

1 将泡芙外壳的面糊灌入装有 10 mm 圆形花嘴的裱花袋，挤成直径 3 cm 的小团。如果使用电烤箱，调至 220 ℃ 加热 20 ～ 25 分钟；使用燃气烤箱，则用 200 ℃ 加热 20 ～ 25 分钟。（如果使用后者，需要在面糊表面喷一些水雾）出炉后，将泡芙放在晾架上，充分冷却。

2 打发淡奶油，直到能拉出有一定硬度的小尖角，加入细砂糖与香草糖，搅拌均匀。奶油的温度要控制在 15 ～ 20 ℃。

3 用筷子或其他工具在泡芙底部戳洞。将 **2** 灌入装有 7 mm 圆形花嘴的裱花袋，挤入泡芙（如图 a）。在每一个盘子上叠 10 个泡芙。

4 制作巧克力酱。将牛奶与黄油倒入小锅，煮沸后加入切碎的巧克力，搅拌均匀（如图 b）。

5 将热腾腾的 **4** 浇在 **3** 上，立刻享用美味。

a

b

Mont-Blanc
蒙布朗

用糖煮栗子制作这款蒙布朗吧！
在口中缓缓融化的淡奶油，就是儿时的味道
温柔的甘甜，定能缓解心灵的疲劳

材料［12 个］

蛋糕胚（P.72）……全部

糖浆
- 水……70 g
- 细砂糖……25 g
- 黑朗姆酒……10 g

◎ 奶油 *
- 淡奶油……290 g
- 细砂糖……44 g
- 香草糖 *……9 g

◎ 夹心奶油
- 奶油……150 g
- 糖煮栗子……80 g

◎ 栗子奶油
- 奶油……60 g
- 黑朗姆酒 *……8 g
- 糖煮栗子……200 g

◎ 装饰

糖粉……适量

糖煮栗子……26 g

* 制成的奶油需分成 3 份，150 g 用于夹心，60 g 用于栗子奶油，其余的用于最后的装饰。

* 香草糖可直接在商店购买。如果没有也可以不加。

* 朗姆酒是由甘蔗制成的蒸馏酒。黑朗姆酒是一种香味比较浓郁的朗姆酒，能为甜点带来回味无穷的芬芳。

准备工作

· 在 18 cm 的正方形模具内侧铺烘焙纸。可以使用四周有折痕与开口，方便折叠的品种（如图所示）。

· 制作糖浆。将水与细砂糖搅拌均匀后加热，沸腾后关火，冷却后倒入黑朗姆酒，充分搅拌即可。

· 沥去糖煮栗子的甜汤。用于夹心奶油的栗子切成 7 mm 的小丁，用于栗子奶油的用滤网压成泥，装饰用的栗子 6 等分切好。放入冷藏室。

◎ **美味秘诀**

※1……两头的奶油要涂厚一些。

※2……奶油也可以用勺子放上去。

※3……栗子的比重很大，奶油会比较硬，因此挤的时候要用力。

◎ **成品理想状态**

膨胀后，表面会下陷，整体呈金黄色。出炉时，蛋糕会比模具小 3 ~ 5 mm。

◎ **最佳享用时间**

当天 ~ 3 天后。

需冷藏

烤制蛋糕胚 ▶▶▶

1

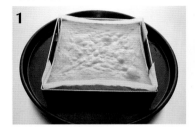

将面糊倒入模具加热

将面糊倒入模具加热。中途需取出烤盘，旋转 180 度。

电烤箱：170 ℃ 40 ~ 45 分钟

燃气烤箱：160 ℃ 40 ~ 45 分钟

组装 ▶▶▶

2

蛋糕胚切片

蛋糕胚出炉后倒置冷却。充分冷却后，让加热时裸露在外的那一面朝上，切下颜色较深的表面。然后让底面朝上，沿着 8 mm 高的木板，用锯齿刀切出 3 片 8 mm 厚的蛋糕片。

3

刷糖浆

将其中 1 块蛋糕片一切为二，分别与另外 2 块拼起来（如图所示），摆在烘焙纸上。在正反两面刷糖浆，糖浆需要渗入蛋糕片的 1/4。

4

划出若干条划痕

为了让蛋糕片更容易卷，需用刀在靠近自己的一侧划若干条划痕。在距离边缘 3cm 的区域每隔 3～4mm 划一条。然后放入冷藏室静置。

5

打发淡奶油

将装淡奶油的搅拌盆浸在冰水中搅拌。先用低速挡，待奶油变得浓稠后，转高速挡，直到硬度能拉起坚挺的尖角。加入细砂糖与香草糖搅拌均匀。

6

将5涂抹在蛋糕片上，撒上栗子

将蛋糕片连同烘焙纸一起放在拧干的毛巾上，用抹刀在每一片蛋糕上涂抹薄薄一层 75g 的 5（※1）。然后均匀撒上切碎的栗子。

7

从里往外卷

用力卷起刀划过的部分，作为蛋糕卷的"芯"。抬起烘焙纸，边拉边卷。卷到底后，将蛋糕片的尾端压在下面，放入冷藏室静置 30 分钟。

8

制作栗子奶油

取 60g 的 5，加入黑朗姆酒，搅拌均匀，再加入栗子泥，用木铲搅拌。

9

将7切开

揭开 7 的烘焙纸，将 1 条蛋糕卷切成 6 小段，然后旋转 90 度，让切口朝上（或朝下），放在铝盘中。

10

挤淡奶油

将剩下的 5 重新打发，灌入装有 13mm 圆形花嘴的裱花袋，挤在 9 的中央。（※2）

11

挤栗子奶油

将 8 灌入装有蒙布朗花嘴的裱花袋，挤在 10 上（※3）。最后撒少许糖粉，摆上栗子即可。

蒙布朗的变种
栗子蛋糕

栗子与醇厚的白巧克力堪称绝配
这款蛋糕的外形也跟首饰盒一样精巧可爱

材料 [使用 1 个 18 cm 的长方形或正方形模具]

蛋糕胚（P.72）……全部

糖浆

⎡ 水……30 g
| 细砂糖……10 g
⎣ 黑朗姆酒……5 g

◎ 栗子奶油

⎡ 糖煮栗子……110 g
| 牛奶……40 g
| 黑朗姆酒……1/2 大勺
| 香草糖 *……1/2 小勺
| 淡奶油……270 g
⎣ 白巧克力（烘焙专用）……90 g

淡奶油（用于装饰）……230 g

细砂糖……25 g

糖煮栗子（用于装饰）……80 g

白巧克力（烘焙专用）……适量

* 直接在商店购买。如果没有也可以不加。

准备工作

· 蛋糕胚按 P.84 的第 **1** 步加热。

· 制作糖浆。将水与细砂糖搅拌均匀后加热，沸腾后关火冷却，倒入黑朗姆酒，充分搅拌即可。

· 沥去糖煮栗子的甜汤。用于栗子奶油的 110 g 栗子用滤网压成泥，用于装饰的 80 g 栗子切成 7 mm 见方的小丁。放入冷藏室。

· 将用于栗子奶油的 270 g 淡奶油与用于装饰的 230 g 淡奶油分别用冰水冷却，同时用手持搅拌器打发。

· 将用于装饰的白巧克力按 P.93 的方法削成碎屑。

组装 ▶▶▶

1 将蛋糕胚切片，涂抹糖浆

将蛋糕胚切成 2 片 1.2 cm 厚的蛋糕片，用刷子涂抹糖浆后，放入冷藏室。

2 制作栗子奶油

将牛奶缓缓加入栗子泥，用橡胶刮刀搅拌均匀（如图 a），然后依次加入黑朗姆酒、香草糖与打发的淡奶油，用打蛋器搅拌均匀。

3 加入融化的白巧克力

将白巧克力切碎，倒入搅拌盆，用 40～50 ℃ 的热水，隔水融化。然后提高热水的温度，将巧克力溶液的温度也提升至 80 ℃，再将其倒入 **2**，用打蛋器搅拌均匀（如图 b）。

4 组装

将长方形模具摆在烤盘上，铺 1 块蛋糕片，倒入 **3** 的一半，将表面抹平（如图 c）。然后摆上第 2 块蛋糕片，再倒入剩下的奶油，同样抹平表面，放入冷藏室静置 2 小时，使奶油凝固。

5 脱模，切开

将 **4** 脱模，切成 4.5 cm 见方的正方形。

6 挤淡奶油，用白巧克力装饰

将细砂糖加入已经打发的装饰专用淡奶油，搅拌均匀后，灌入装有 7 mm 圆形花嘴的裱花袋，在 **5** 的顶层边缘挤一圈。然后撒上栗子丁，摆少许白巧克力卷即可。冷藏后口感更佳，但最好在当天吃完。

a   b

c

Rouleau à l'Orange
香橙蛋糕卷

橙味奶油夹心清甜可口，别具特色
堪称"入口即化"四字的绝佳诠释

材料［2 个］

蛋糕胚（P.72）……全部

◎ 橙味黄油奶油
黄油奶油
- 蛋黄……48 g
  糖浆
  - 细砂糖……120 g
  - 水……48 g
  黄油……240 g
- 香草精……7 滴

橙皮（碎末）*……1 个的量
细砂糖……2/3 小勺（2.7 g）
柑桂酒 *……2.5 小勺（12.5 g）

◎ 装饰
糖浆
- 水……50 g
  细砂糖……40 g
- 柑桂酒 *……15 g

杏仁薄片……100 g
糖粉……适量

* "橙皮 + 细砂糖"可用橙味香精 24 g 代替。
* 柑桂酒（40 度）是有橙皮香味的蒸馏酒。可以为甜点带来橙子的清香。

准备工作

·在 18 cm 的正方形模具内侧铺烘焙纸，倒入蛋糕胚面糊，按 P.84 的第 1 步加热。
·将用于黄油奶油的黄油切成薄片，铺在搅拌盆中，恢复到室温（25 ℃），再用木铲搅拌成糊状。（※1）
·制作用于最后点缀的糖浆。将水与细砂糖搅拌均匀后加热，沸腾后关火，冷却后倒入柑桂酒即可。
·将杏仁薄片铺在烤盘上，送入烤箱加热，使杏仁变成浅金色。（电烤箱：180 ℃ ~ 190 ℃ 烤 12 ~ 13 分钟；燃气烤箱：180 ℃ 烤 10 ~ 12 分钟）

◎ **美味秘诀**
※1……黄油太硬容易分层，请多加注意。
※2……搅拌动作一定要快，否则蛋黄会凝固。
※3……如果冷却过度，与黄油混合时会分层。
※4……黄油无须打出气泡，否则就会失去入口即化的口感，风味也会变差。

◎ **最佳享用时间**
当天 ~ 3 天后。需冷藏，享用时取出冰箱，解冻至室温。

制作橙味黄油奶油 ▶▶▶

1	**2**	**3**
将蛋黄打散	**加热细砂糖与水**	**加热至 117 ℃**
用打蛋器直线搅拌，将蛋黄打散，直至蛋液稍稍发白。	将细砂糖与水倒入小锅，搅拌均匀。用湿刷子扫去粘在锅壁上的糖之后，中火加热，沸腾后再次搅拌，并用刷子刷下粘在锅壁上的糖。	将温度计（测量上限为 200 ℃）垂直贴在锅底，待温度上升至 112 ℃ ~ 113 ℃ 时，调小火，继续加热至 117 ℃。

4

将糖浆倒入 1

将加热至 117℃的 **3** 缓缓倒入 **1**（如图所示），同时用打蛋器迅速画圈搅拌（※2）。滤网过滤一遍后，转移到另一个搅拌盆。

5

用手持搅拌器打泡

用手持搅拌器（将 1 根搅拌棒装在左侧）高速搅拌 2 分钟，然后转中速，继续搅拌 1 分钟。蛋糊变得浓稠，捞起后呈丝带状缓缓流下即可。

6

浸入冰水冷却

将 **5** 浸入冰水，用中速搅拌 30 秒至 1 分钟。如为夏天，冷却至 20℃左右，冬天，则冷却至 30℃。（※3）

7

加入 1/3 的黄油

加入 1/3 的糊状黄油，用中速逆时针画圈搅拌 20 秒左右，充分搅拌。起初黄油可能会分层。

8

加入剩下的黄油，继续搅拌

分 2 次加入剩下的黄油，每加一次，都要按照 **7** 的方法搅拌（※4）。最后，蛋糊会变得十分顺滑。用橡胶刮刀刮下粘在盆壁的蛋糊，搅拌均匀。

9

加入香草精

加入香草精（能明显闻到香味为佳），用中速搅拌 20 秒左右。此时蛋糊会发白，变得更顺滑。

组装 ▶▶▶

10

释放橙皮的香味

将橙皮碎末与细砂糖摆在砧板上，用抹刀碾出橙皮中的水分，释放香味。

11

将 10 与柑桂酒倒入 9

将 **10** 与柑桂酒倒入 **9**，用打蛋器搅拌均匀。

12

蛋糕胚切片

让加热时裸露在外的那一面朝上，切下颜色较深的表面。然后让底面朝上，沿着 1.2cm 高的木条，用锯齿刀切出 3 片 1.2cm 厚的蛋糕片。

13

刷糖浆

将其中 1 块蛋糕片一切为二，分别与另外 2 块拼起来（如图所示），摆在烘焙纸上。在正反两面刷上糖浆。糖浆需要渗入蛋糕片的 1/4。

14

划出若干条划痕

为了让蛋糕片更容易卷，在距离边缘 3cm 的区域，每隔 5mm 就用小刀浅浅地划一条线。

15

涂抹薄薄一层黄油奶油

取 200g 黄油奶油，用抹刀均匀涂抹在两片蛋糕片上，每片 100g。两端的奶油要稍厚一些。

16

从里往外卷

用力卷起刀划过的部分，作为蛋糕卷的"芯"。抬起烘焙纸，边拉边卷。

17

放入冷藏室静置

卷到底后，将蛋糕片的尾端压在下面，放入冷藏室静置15～20分钟，让奶油稍稍凝固，防止蛋糕卷变形。

18

在表面涂抹黄油奶油

用抹刀将剩下的黄油奶油均匀涂抹在蛋糕卷表面。

19

撒上杏仁薄片与糖粉

托起蛋糕卷，用刮板或手将烤过的杏仁薄片撒在蛋糕的表面。然后将蛋糕放回冰箱冷藏室定形，最后撒上糖粉即可。

◎用厚蛋糕胚制作蛋糕卷

如果直接使用薄的蛋糕胚，就无法削去坚硬的表皮了，成品的口感自然也会大打折扣。反之，厚蛋糕胚可以切成若干片后使用，表皮也可以切去。用这样的蛋糕胚制作蛋糕卷，定能事半功倍。而且一份厚蛋糕胚能制作2条蛋糕卷呢！使用这款蛋糕胚的另一个原因在于，它本身就有鲜明的味道，与香味浓郁的黄油奶油堪称黄金搭档。

Forêt-Noir
黑森林

这款巧克力蛋糕的口感轻盈

材料 [使用 1 个 18cm 的正方形模具]

◎橙味杰诺瓦士蛋糕胚

全蛋……174 g

橙皮（碎末）……1 个的量

柠檬皮（碎末）……3/5 个的量

细砂糖……86 g

低筋粉……41 g

高筋粉……18 g

玉米淀粉……29 g

黄油溶液……29 g

橙味香精……6 g

◎装饰

糖浆
- 水……50 g
- 细砂糖……10 g
- 柑桂酒（40 度）……30 g

巧克力奶油
- 淡奶油……127 g
- 甜味巧克力（烘焙专用）……67 g

橙味奶油
- 淡奶油……130 g
- 橙皮（碎末）……1/2 个的量
- 细砂糖……10 g

甜味巧克力（用于制作巧克力屑）……适量

糖粉……适量

* 杰诺瓦士蛋糕胚中的橙皮可以用 21 g 橙味香精代替。

准备工作

·将低筋粉、高筋粉、玉米淀粉搅拌均匀后过筛。

·在使用黄油溶液前，将其加热至 40℃左右。

·在模具内侧铺烘焙纸（P.84）。

·制作糖浆。将水与细砂糖搅拌均匀后加热，沸腾后关火，冷却后倒入柑桂酒，充分搅拌即可。

·将用于巧克力奶油的巧克力切碎，隔水加热融化。

·制作巧克力屑。将巧克力调整为"指甲能勉强插进去"的硬度，用小刀轻轻削出碎屑（如图 a 与 b）。碎屑需冷藏。

a　　　　　**b**

◎ **美味秘诀**

※1……加热会让鸡蛋更容易起泡。必须准确加热至 40℃。

※2……因为蛋糕胚的纹理较粗，使用刷子容易破裂，所以要把糖浆喷上去。

※3……温度太低，淡奶油容易结块，需多加小心。

◎ **成品理想状态**

蛋糕胚遇热后会膨胀，表面变平，成品会比模具小 3 ~ 5 mm。

◎ **最佳享用时间**

当天 ~ 3 天后。

需冷藏。

制作杰诺瓦士蛋糕胚▶▶▶

1

一边加热全蛋，一边搅拌

将全蛋、橙皮、柠檬皮与细砂糖倒入搅拌盆，用小火加热，同时用打蛋器搅拌。

2

用手持搅拌器打泡

加热至 40℃后（※1），取下搅拌盆，用手持搅拌器（2 根搅拌棒）高速搅拌 4 分钟。搅拌至搅拌棒留下的凹痕能保持一段时间，且搅拌时能看见盆底为佳。

3

分批加入面粉

舀 2 勺面粉，均匀撒入 **2**，用插了 1 根搅拌棒的手持搅拌器缓缓画圈搅拌。然后再加 2 勺，用同样的方法搅拌。

将面糊转移到另一个搅拌盆

将面糊转移到另一个搅拌盆,让面糊变得更均匀。分2次加入剩余的面粉,每加一次都要画圈搅拌。

烤制 ▶▶▶

加入黄油溶液

面粉大致融入面糊后,分2次加入40℃左右的黄油溶液与橙味香精。每加一次都要画圈搅拌。黄油完全消失后,再搅拌4次。

搅拌后的面糊状态

用搅拌棒捞起面糊时,面糊会呈丝带状缓缓落下,并在搅拌盆中留下痕迹。

组装 ▶▶▶

倒入模具加热

从尽可能低的位置,将面糊缓缓倒入模具,送入烤箱加热。
电烤箱:170℃ 35分钟
燃气烤箱:160℃ 35分钟

倒置冷却

在烤盘上铺好烘焙纸,摆好晾架,将模具倒扣在上面,倒出模具中的蛋糕。倒置是为了让蛋糕上下的密度更均匀。

蛋糕胚切片

让加热时裸露在外的那一面朝上,切下颜色较深的表面。然后让底面朝上,沿着8mm高的木条,用锯齿刀切出4片8mm厚的蛋糕片。

喷糖浆

将糖浆喷在4片蛋糕片的正反两面(※2)。放入冰箱静置15分钟左右。

将淡奶油打发

制作巧克力奶油。将装有淡奶油的搅拌盆浸入冰水,用手持搅拌器(2根搅拌棒)高速搅拌。淡奶油的温度要控制在10℃左右。

加入巧克力溶液

将调整为65℃的巧克力溶液倒入**11**,同时用打蛋器画圈搅拌。(※3)

捞起搅拌

画圈搅拌一段时间后,改为捞起搅拌,让巧克力分布得更均匀。但搅拌得过度均匀会影响口感,请务必把握好度。

制作橙味奶油

用**11**的手法将淡奶油打发。在橙皮上撒少许细砂糖(不包括在材料清单中),用抹刀用力碾压后,倒入淡奶油,再加入10g细砂糖。一边用冰水冷却,一边搅拌。

挤巧克力奶油

并排放置2片冷却好的蛋糕胚,其中一片下面铺蛋糕垫纸。将巧克力奶油灌入装有15mm扁口花嘴的裱花袋,在2片蛋糕胚的表面挤薄薄一层。

16

抹平奶油表面

挤完后，用抹刀将奶油表面抹平。

17

挤橙味奶油

在垫有垫纸的蛋糕胚上叠加 1 张蛋糕胚，将橙味奶油灌入装有 15 mm 宽扁口花嘴的裱花袋，挤在蛋糕的表面，再用抹刀将表面稍稍抹平。

18

叠加蛋糕胚

将 **16** 中没有垫纸的那块蛋糕胚叠在 **17** 上，再把最后一块蛋糕胚叠在最上面。将橙味奶油挤在最后一片蛋糕胚上，用抹刀将表面稍稍抹平。

19

调整形状

将 **18** 放入冷藏室静置 30 分钟左右，使奶油稍稍凝固。然后用锯齿刀将蛋糕的 4 个侧面切齐。

20

撒上巧克力碎屑和糖粉

将巧克力碎屑洒在蛋糕表面。操作时可以用直尺之类的工具挡一下（如图所示）。最后撒上糖粉即可。

◎杰诺瓦士蛋糕胚

杰诺瓦士蛋糕胚是一种由蛋黄与蛋白一同打发而成的海绵蛋糕，以松软细腻见长。不过为了配合这款蛋糕，我们特地改进了食谱，将蛋糕胚的纹理调整得稍粗一些，口感也更为轻盈。其实杰诺瓦士蛋糕胚可以分成很多种，只要对配方与制作手法稍做调整，最后的成品就会大不同。

Cream Cheese Cake
奶油芝士蛋糕

奶油芝士轻盈爽口
配以松软可口的蛋糕胚，再用酸酸甜甜的果酱画上完美的句号

材料 [使用 1 个直径 18cm 的杰诺瓦士蛋糕模具 *]

挞皮（P.52）……200 g

◎芝士奶油

奶油奶酪……180 g

蛋黄……20 g

原味酸奶……30 g

细砂糖……70 g

香草精……7 滴

柠檬香精 *……用筷子蘸 3 滴

柠檬皮（碎末）……1 个

明胶粉……5 g

冷水……30 g

鲜榨柠檬汁……25 g

淡奶油……185 g

◎装饰

树莓酱 *（※1）……70 g

淡奶油……100 g

细砂糖……10 g

* 请使用无底模具。

* 没有柠檬香精也可以不用。

* 树莓酱可用草莓酱代替（但是要尽量使用酸味较强的品种）。

准备工作

· 奶油奶酪切薄片，摊在搅拌盆中，用室温解冻，使其变软。

· 在柠檬皮碎末中加 1 小勺细砂糖（不包括在材料清单中），用抹刀碾压，直到压出水分，释放出香味。

· 用冷水将明胶粉泡开。

· 将保鲜膜铺在模具中。

◎ **美味秘诀**

※1……树莓酱的制作方法：将 50 g 树莓解冻后，与搅拌均匀的 50 g 细砂糖、1 g 果胶粉、10 g 树莓种子一同倒入小锅，中火加热。一边捞去杂质，一边搅拌，直到锅中液体变为 75 g。最后加入 5 g 透明麦芽糖，冷却。

◎ **成品理想状态**

挞皮呈浅金色为佳。

◎ **最佳享用时间**

冷藏 30 分钟后～次日。需冷藏。

烤制挞皮 ▶▶▶

1

将面团擀开，用模具按出一个圆形

在面团上撒一些面粉（不包括在材料清单中），用擀面杖将面团擀成 3 mm 厚，然后用圆形模具按出一张圆形面饼。将面饼放在喷过水的烘焙纸上，放入冷藏室静置 10 分钟。

2

送入烤箱加热

电烤箱：190℃ 10 分钟

燃气烤箱：180℃ 10 分钟

出炉后，将挞皮放在晾架上冷却。

制作芝士奶油 ▶▶▶

3

将蛋黄加入奶油奶酪

用木铲将奶油奶酪搅拌开，然后加入已经打散的蛋黄，用手持搅拌器（2根搅拌棒）低速搅拌。

4

加入酸奶与细砂糖

依次加入酸奶与细砂糖，每加入一次，都要用中速搅拌。然后加入香草精，同样用中速搅拌。

5

加入柠檬香精

用筷子蘸取少许柠檬香精滴入 **4**。然后加入用细砂糖磨过的柠檬皮，用中速搅拌。

6

加入明胶，迅速搅拌

将明胶隔水加热至 50 ℃，加入柠檬汁搅拌均匀。将明胶混合液倒入 **5**，用高速快速搅拌后冷却至 19 ℃。

组装 ▶▶▶

7

加入淡奶油，搅拌均匀

打发淡奶油，直至能拉出坚挺的小角。然后分 2 次加入 **6**，每加入一次都要用打蛋器迅速捞起搅拌，再画圈搅拌 30 次左右。

8

倒入模具，冷却凝固

将芝士奶油倒入底部铺了保鲜膜的模具，把表面抹平，送入冷藏室静置 3 小时，让奶油充分凝固。

9

在挞皮上涂抹果酱

将垫纸摆在裱花台上，再将挞皮摆在垫纸上。用抹刀将树莓酱抹在挞皮上。

10

叠在奶油奶酪上

将凝固的奶油奶酪脱模，再将 **9** 倒过来叠在上面（有果酱的那一面朝下）。然后将整个蛋糕翻过来，放回裱花台，揭去保鲜膜。

11

在表面涂抹淡奶油

将细砂糖加入淡奶油，打出泡沫后，涂抹在 **10** 的表面与侧面（方法详见 P.74）。将剩余的淡奶油倒在表面，用抹刀铺开。

12

敲出小尖角

用抹刀轻敲表面的淡奶油，弄出若干个小尖角。最后将蛋糕放进冷藏室静置 30 分钟以上即可。

Mille-Feuille aux Fraises
草莓千层酥

香脆可口的饼干
配以同样出色的黄油味卡仕达酱
在口中奏响铿锵有力的奏鸣曲

材料 [18cm×8.5cm，1 个]
面饼（P.44，※1）……1/2 份（按需使用）

◎黄油风味的卡仕达酱 *
卡仕达酱
┌ 牛奶……240 g
│ 香草荚……1/3 根
│ 蛋黄……70 g
│ 细砂糖……50 g
│ 低筋粉……9 g
│ 高筋粉……12 g
└ 黄油……15 g
黄油……38 g

* 按本配方制作而成的卡仕达酱约为 400 g。本款千层酥只需使用其中的 280 g。

◎装饰
草莓（中等大小）……约 16 个

准备工作
· 将用于卡仕达酱的 38 g 黄油放置在室温环境下解冻，用木铲搅拌成糊状。
· 摘去草莓蒂，将草莓切成 7 mm 厚的薄片，只留 6 个完整的草莓用于最后的装饰。
· 预热烤箱与 2 个烤盘。

◎ **美味秘诀**
※1……将用于面饼的黄油换成发酵黄油，打造出更具深度的口感与香味，让面饼更有存在感。
※2……防止面饼产生过多谷蛋白，导致面饼遇热后缩小。
※3……之所以在加热途中压一块烤盘，是为了防止面饼过度膨胀，加大成品的密度，提升口感。这块烤盘也需要预热。
※4……先撒糖粉再加热，能让成品更加香脆可口，还能起到防潮的作用。
※5……享用前再组装饼干与奶油，这样才能充分享受到千层饼的双重口感。

◎ **成品理想状态**
表面的糖粉变为焦糖，变脆，呈深金色即可。

◎ **最佳享用时间**
当天，最好是完成后立刻享用，以免饼干受潮。

制作黄油风味的卡仕达酱 ▶▶▶

1

制作卡仕达酱
按 P.78 的 **13 ～ 22** 制作卡仕达酱。然后将其转移到另一个搅拌盆，一边用冰水冷却，一边搅拌，将温度控制在 25 ℃左右。

2

加入黄油
将 38 g 糊状黄油分 2 次加入 **1**，搅拌均匀后送入冷藏室。需在 3 天内用尽。

塑形 ▶▶▶

3

切割面饼
将能看到层次的两端转到前后两侧后，用擀面杖将面饼擀成 25 cm 见方的正方形。然后竖着一切为二，再在其中一块切出 1 个 16 cm×12.5 cm 的长方形（即图中的 A）。

烤制 ▶▶▶

将 A 擀开，戳洞

将 A 擀成约 34cm×21cm，拎起来抖一抖（※2），戳些小洞，再切成 33cm× 20cm。之后切成 3 个 11cm×20cm 的长方形，放入冷藏室静置 1 小时。

加热，中途压一块烤盘

1 小时后，将面饼送入烤箱。加热途中，在面饼上另外压一个小烤盘。（※3）
电烤箱：250℃ 3 ~ 4 分钟 → 压烤盘后 210℃ 9 分钟
燃气烤箱：230℃ 3 ~ 4 分钟 → 压烤盘后 190℃ 9 分钟

组装 ▶▶▶

翻面，撒上糖粉

完成 5 后取出饼干翻面，撒上糖粉，继续加热。（※4）
电烤箱：270℃ 2 分钟
燃气烤箱：250℃ 2 分钟

放在晾架上冷却

待糖粉溶化，变成爽脆的焦糖后，取出饼干，放在晾架上冷却。剩下的 2 块面饼也用同样的方法加热。

切割边缘，调整尺寸

切下饼干的边缘，并将尺寸调整为 18cm×8.5cm。

挤卡仕达酱

将黄油风味的卡仕达酱灌入装有 10mm 扁口花嘴的裱花袋，在其中一块饼干上挤薄薄一层，然后在卡仕达酱上摆满草莓片。

叠加卡仕达酱、饼干与草莓

在草莓上再挤薄薄一层卡仕达酱，盖一层饼干。然后是一层卡仕达酱，一层草莓，一层卡仕达酱。最后盖上第 3 块饼干，摆上完整的草莓做点缀即可。（※5）

Charlotte aux Poires

洋梨夏洛特

细腻的蛋糕胚，与富含洋梨香味的巴伐露激情碰撞
塑造出无比温润的口感，这正是这款蛋糕的魅力所在

材料 [使用 1 个直径 18cm 的圆形无底模具]

◎长条蛋糕胚

蛋黄……80g

细砂糖……70g

蛋白霜

┌ 蛋白……130g

└ 细砂糖……55g

低筋粉……65g

高筋粉……65g

糖粉……适量

◎糖浆

水……50g

细砂糖……15g

洋梨利口酒 *……20g

* 用 poire whilliams 酿制的利口酒。

◎洋梨巴伐露

蛋黄……75g

细砂糖……35g

脱脂奶……10g

洋梨（罐头 *）……60g

洋梨糖浆 *……180g

香草荚……1/6 根

明胶粉……5g

冷水……30g

洋梨利口酒……15g

淡奶油……200g

* 洋梨罐头-建议使用香味鲜明的欧洲产品。

* 洋梨糖浆即罐头中的甜汤。

◎装饰

洋梨（罐头 / 每块都是半只梨）……3 ~ 4 块

准备工作

·将黄油（不包括在材料清单中）涂抹在 18cm 见方的烤盘上，并铺好烘焙纸。

·准备 2 张纸。在其中一张上画一个直径为 18cm 的圆，在另一张上画一个直径为 16cm 的圆。

·制作糖浆。将水与细砂糖搅拌均匀后加热，沸腾后关火，冷却后倒入利口酒稍加搅拌即可。

·用冷水将明胶粉泡开。

·将用于巴伐露的洋梨罐头果肉与甜汤倒入搅拌机粉碎，然后用滤网过滤一遍。

·打发淡奶油。

·将用于最后装饰的洋梨切成 5mm 厚的薄片，放入冷藏室。

◎ **美味秘诀**

※1……要让蛋白霜有一定的硬度，如此一来，加入其他材料后，泡沫也不会完全消失。

※2……要缓缓搅拌，防止戳破蛋白霜的泡沫。注意不要搅拌过度。

※3……糖粉能形成一层外壳，让成品的卖相更好看，还能打造出爽脆的口感。

※4……挤的时候可以把花嘴轻轻贴在烘焙纸上。

※5……加入脱脂奶，可以为洋梨巴伐露增添牛奶的醇厚与香味。

◎ **成品理想状态**

表面与底面呈金黄色。加热一定要到位，这样能防止蛋糕胚吸收了糖浆与巴伐露的水分后变烂。

◎ **最佳享用时间**

当天 ~ 次日。

需冷藏。

1

将蛋黄与细砂糖打发

用手持搅拌器（1根搅拌棒）中速搅拌蛋黄5秒，加入细砂糖转高速搅拌2分钟。捞起时，蛋液呈丝带状缓缓下落，且能在表面留下痕迹为佳。

2

制作蛋白霜

另取一个搅拌盆，倒入蛋白与30g细砂糖，用手持搅拌器（2根搅拌棒）中速搅拌1分钟，转高速搅拌3分钟，加入余下细砂糖再搅拌1分钟。（※1）

3

混合1与2，画圈搅拌

将1缓缓倒入2，用搅拌棒缓缓画圈搅拌。

4

用勺子加入2勺面粉

搅拌到一半，用勺子加入2勺面粉，然后画圈搅拌。（※2）

5

加入其余的面粉，搅拌均匀

大致搅拌均匀后，再加入2勺面粉，用同样的方法搅拌。将面糊转移至另一个搅拌盆，让面糊变得更均匀。分2次加入剩余的面粉，继续搅拌。

6

用橡胶刮刀刮下粘在内壁的面糊

面粉基本消失不见后，用橡胶刮刀将搅拌盆的内壁刮干净，最后画圈搅拌4次左右。用搅拌棒捞起时能保持蓬松度为佳。

7

挤出夏洛特的"盖"

将面糊灌入装有10mm圆形花嘴的裱花袋，在画有直径18cm的圆形的烘焙纸上，自外向内挤出如图所示的花纹。注意面糊之间不能有空隙。

8

撒2次糖粉

撒上糖粉，让糖粉完全覆盖面糊的表面，5分钟后再撒1次。（※3）

烤制 ▶▶▶

9

挤出夏洛特的"底"

在画有直径16cm的圆形的烘焙纸上挤面糊。从内向外，挤成螺旋状。然后用8的方法撒上糖粉。

10

挤出夏洛特的侧面

在18cm见方的烤盘上挤若干条面糊，用做蛋糕的侧面。面糊之间不能有空隙（※4）。面糊条要比圆形花嘴稍微粗一些。然后用8的方法撒上糖粉。

11

烘烤面糊

电烤箱：190℃
燃气烤箱：180℃
蛋糕顶放在烤箱上层，加热13～14分钟。蛋糕底放在下层，加热12分钟。蛋糕侧面加热13分钟。

12

放在晾架上冷却

蛋糕胚出炉后，放在晾架上冷却。

13

切开用于侧面的蛋糕胚

揭去用于侧面的蛋糕胚上的烘焙纸，切下不平整的边缘。让刀与蛋糕胚的纹路垂直，切出 3 块 5 cm 宽的长条。

14

刷糖浆

将 **13** 翻面，用刷子在其中 2 块涂抹糖浆。糖浆的量一定要足，需渗透至蛋糕胚的一半。

15

竖着铺在圆形模具的边缘

沿着圆形模具的边缘，将 **14** 竖着塞进去。缺口用剩下的长条调整（多保留 1 cm），刷上糖浆，竖着塞进模具。

制作洋梨巴伐露 ▶▶▶

16

将糖浆涂抹在底座上

将底座的蛋糕胚边缘往里裁一些，大小调整为能塞进圆形模具的尺寸。蛋糕胚的反面涂抹糖浆，保持这一面朝上放进模具，同模具一起送入冷冻室。

17

在用作盖子的蛋糕胚上刷糖浆

揭去用做盖子的蛋糕胚上的烘焙纸，反面涂抹糖浆，然后将它翻过来，送入冷藏室。

18

搅拌蛋黄与细砂糖

用打蛋器直线搅拌蛋黄与细砂糖，直至蛋黄稍稍发白。建议使用耐热玻璃搅拌盆，这样热量能传导得更均匀，成品的口感也会更顺滑。

19

加入脱脂奶

加入脱脂奶，稍稍搅拌（※5）。此时不必搅拌得特别均匀。

20

加热洋梨与香草荚

将过滤过的洋梨甜汤、果肉与香草荚（打开，刮下种子，种子与种荚都要用）倒入小锅，用小火加热至 80 ℃。

21

将糖浆加入 19

将糖浆的 1/3 分批加入 **19**，用打蛋器画圈搅拌。搅拌均匀后，再缓缓加入剩下的糖浆，同时迅速画圈搅拌。

22

加热至 80 ℃

在炉子上摆一张晾架，再叠加一层石棉网，用极小的火加热 **21**，同时用打蛋器搅拌底部，加热至 80 ℃。

23

加入明胶，搅拌均匀

加热至 80 ℃后，立刻取下搅拌盆，加入泡开的明胶，同时搅拌。

24

过滤，冷却

将 **23** 过滤一遍，转移到不锈钢搅拌盆，一边用冰水冷却，一边搅拌，直到液体冷却至 40 ℃。

25

加入洋梨利口酒

加入洋梨利口酒，再次用冰水冷却，同时用打蛋器摩擦盆底，迅速搅拌，使液体冷却至 18℃。

装饰 ▶▶▶

26

加入淡奶油

用打蛋器捞起一些打发的淡奶油，加入 **25**，画圈搅拌至淡奶油大致消失。分 2 次加入剩下的淡奶油。每加一次都要用同样的方法搅拌。

27

将 26 转移至另一个搅拌盆

将 **26** 转移至另一个搅拌盆，使液体上下流动。一边用冰水冷却，一边竖起打蛋器搅拌，直到液体搅拌均匀。

28

将巴伐露倒入铺好蛋糕胚的模具

将巴伐露倒入冷却好的 **16**，装至模具的 1/3，并将表面抹平。

29

铺一层洋梨片

在 **28** 上铺满冰镇过的洋梨片，继续倒巴伐露，直到模具的 2/3 处，并将表面抹平。

30

倒满巴伐露

再铺一层洋梨片，然后将剩下的巴伐露倒入模具。最后巴伐露要比蛋糕胚的边缘稍微高一些。

31

盖上"盖子"

盖上"盖子"，轻轻按一下，然后送入冷藏室，静置 3 小时左右，让巴伐露完全凝固即可。

◎长条蛋糕胚

普通的蛋糕胚是将面糊倒入模具烤制而成的，而这款长条蛋糕胚则是"挤"出来的，加热前还要撒糖粉。爽脆的口感是它最显著的特征。做好这款蛋糕胚的关键在于，打出有硬度的蛋白霜，防止气泡迅速消失，以及足够的加热时间。表面的糖粉会形成一层脆皮，创造出丰富的口感。

Blanc-Manger
杏仁牛奶冻

柔软到几乎一碰就倒
细腻的口感，带来杏仁与牛奶的双重芬芳
这款甜品，堪称"雨中塞纳河"的经典

材料
[使用 8 个口径 6.5cm、高 4cm 的布丁模具]

◎杏仁牛奶冻
牛奶……380 g
水……75 g
杏仁薄片 *……150 g
细砂糖……120 g
酸奶油……35 g
明胶粉……5 g
冷水……30 g
牛奶……适量
樱桃酒……15 g
淡奶油……75 g

* 请使用新鲜的杏仁。

◎酱汁
英式香草奶油酱
⌈ 蛋黄……30 g
⌊ 细砂糖……30 g
⌊ 牛奶……140 g
樱桃酒……10 g
香草精……4 滴
牛奶……120 g

准备工作
·将模具放入冷藏室。
·用冷水将明胶粉泡开。
·冰镇盛放成品的盘子。

◎ **美味秘诀**
※1……从沸腾的状态开始煮，能充分释出杏仁的风味。

◎ **最佳享用时间**
当天 ~ 3 天后。
需冷藏。

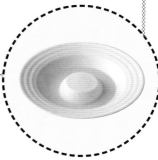

a

b

c

d

e

制作牛奶冻 ▶▶▶

1 用牛奶煮杏仁
将牛奶与水倒入小锅加热，沸腾后加入杏仁薄片，再次沸腾后调为小火，保持沸腾状态 2 分钟（※1，如图 a）。

2 加入细砂糖与酸奶油
加入细砂糖与酸奶油，搅拌均匀，沸腾后调为小火，继续加热 2 分钟。

3 过滤
将 2 过滤，并用力挤压残留在滤网上的杏仁，挤出所有的牛奶（如图 b）。

4 加入明胶，搅拌
加入泡好的明胶，用打蛋器搅拌均匀。

5 称量，加入牛奶，总重调节为 500 g
称量 4 的重量，加入牛奶至总重量变为 500 g（如图 c）。

6 用冰水冷却至 40℃
将搅拌盆浸入冰水，用打蛋器搅拌，使液体温度下降至 40℃（如图 d）。

7 加入樱桃酒，冷却至 10℃
加入樱桃酒，用同样的方法将液体冷却至 10℃。

8 打发淡奶油，加入 7
另取一个搅拌盆，搅拌淡奶油 4 分钟（使稍稍变得浓稠），将 7 分 5 次加入，每加入一次都要画圈搅拌（如图 e）。

f　　　　　　　　　g

h　　　　　　　　　i

j

9 用冰水冷却，让液体变得更浓稠

用冰水冷却，同时用木铲直线搅拌（如图 f）。气泡会逐渐消失，液体变得更浓稠，更有光泽。

10 倒入模具，冷却凝固

待液体温度下降至 5 ℃，并有一定的浓稠度之后，倒入模具（如图 g），送入冷藏室冰镇 5 小时以上。

制作酱汁 ▶▶▶

11 制作英式香草奶油酱

按 P.120 的 **12 ~ 16** 制作英式香草奶油酱。过滤后用冰水冷却至 40 ℃。

12 加入樱桃酒与香草精

加入樱桃酒与香草精，用打蛋器画圈搅拌（如图 h），然后将酱汁冷却至 5 ℃左右。

13 加入牛奶

把搅拌盆拿出冰水，加入牛奶，画圈搅拌（如图 i），去除表面的气泡后，送入冷藏室充分冷却。

完成 ▶▶▶

14 装盘

用指尖轻按牛奶冻的边缘，让空气流入模具（如图 j），然后将模具倒扣在盘子上，使牛奶冻脱模。最后在牛奶冻周围倒上酱汁即可。

◎关于杏仁

制作这款牛奶冻，要用牛奶煮出杏仁的香味，所以杏仁的品质对成品的风味起到了至关重要的作用。在家中制作时，您无须购买昂贵的杏仁，但是请尽量使用新鲜的产品。我们店里一贯使用香味口感十分丰富的西班牙 MARCOMAR 杏仁。如果一开始就加入细砂糖，杏仁的香味就不容易转移到牛奶中了，所以细砂糖要稍后再加。

Pudding au Thé
红茶布丁

这款布丁突出了红茶的深邃香味
醇香的红茶酱汁，更是添上了浓墨重彩的一笔
隔水加热，是让布丁香滑顺口的诀窍

材料 [使用8个口径为6.5cm、高4cm的布丁模具]

◎焦糖
细砂糖……80g
水……20g
水（用于阻止焦糖颜色变深）……20g

◎红茶布丁
牛奶……530g
红茶叶（格雷伯爵）……18g
红茶叶（大吉岭等*）……9g
细砂糖……108g
全蛋……172g
苹果白兰地*……30g
* 使用格雷伯爵之外的茶叶。
* 苹果蒸馏酒，与红茶风味堪称绝配，也可以用白兰地代替。

◎红茶酱
英式香草奶油酱
 ⎡ 蛋黄……48g
 | 细砂糖……48g
 | 牛奶……160g
 ⎣ 香草荚……1/7 根
牛奶……200g
红茶叶（格雷伯爵）……7g
红茶叶（大吉岭等*）……3g
苹果白兰地……5g
* 使用格雷伯爵之外的茶叶。

准备工作
· 把准备倒在烤盘上的水煮沸。
· 按 P.120 的 **12 ～ 16** 制作英式香草奶油酱。这款红茶布丁需使用其中的100g。

◎ **美味秘诀**
※1……焦糖不要煮得太焦，否则会破坏红茶的风味。
※2……在水沸腾的状态下煮茶，能充分煮出红茶的风味。
※3……不要打出太多气泡，否则蒸好的布丁也会有很多泡。
※4……为了让布丁的口感更顺滑，请务必过滤。
※5……用刚煮沸的热水蒸布丁，会形成更多的蒸汽，让成品的口感更柔软顺滑。烤盘上的水变少后需要补充。加热到一半时，需要将烤盘旋转180度。如果要同时加热2块烤盘，则需要加热50～60分钟。

◎ **成品理想状态**
用手指敲打模具侧面时，布丁表面会轻轻晃动为佳。

◎ **最佳享用时间**
当天～3天后。
需冷藏。

制作焦糖 ▶▶▶

1

用大火加热细砂糖与水
将细砂糖与水倒入小锅，用大火加热。边缘的颜色变深后，用勺子搅拌，同时摇动小锅。颜色变得均匀后，调整为小火。

2

加水，防止颜色进一步变深
如果焦糖突然开始冒烟，有要沸腾的迹象，就分2次倒入凉水，防止颜色进一步变深，稍稍搅拌后关火（※1）。加水时焦糖可能会溅出来，请务必小心。

3

倒入模具
在每一个模具底部倒薄薄一层焦糖。焦糖不会立刻凝固，不必心急。

用牛奶烹煮红茶

用中火加热牛奶，沸腾后加入 2 种茶叶，搅拌均匀。稍稍沸腾后，再继续加热 1 分钟。（※2）

过滤，按出茶叶中的牛奶

用铁丝滤网或其他工具过滤牛奶，并用勺子或其他工具用力按压滤网上的茶叶，挤出其中的牛奶。

加入牛奶，使整体重量变为 387 g

称量 5，慢慢加入牛奶（不包括在材料清单中），直至整体重量变为 387 g，然后加入细砂糖，用打蛋器缓缓画圈搅拌。（※3）

将 6 加入全蛋蛋液

将全蛋打成蛋液，分 3 次加入 6 的 1/3，缓缓画圈搅拌 30 次左右。然后一次性加入剩下的 6，并加入苹果白兰地，搅拌 20 次左右。

过滤，去除表面的气泡

用细滤网过滤 7（※4），再用厨房纸或其他工具将气泡聚拢后捞出。

测量蛋液的温度

测量蛋液温度，如果低于 40 ℃，则用小火稍稍加热。蛋液的温度非常重要，太低极易导致布丁加热不均。

倒入模具，将热水倒入烤盘

将 9 倒入 3 的模具，摆放在烤盘上。然后在烤盘上倒 1 cm 高的热水。

用蒸汽烘烤布丁（※5）

电烤箱：140 ℃ 30 分钟 → 110 ℃ 10 ~ 15 分钟

燃气烤箱：140 ℃ 40 ~ 45 分钟

用牛奶煮红茶

用中火加热牛奶，沸腾后加入 2 种茶叶，搅拌均匀。沸腾后，继续煮 1 分钟，然后过滤，冷却。

加入英式香草奶油酱

用打蛋器将 100 g 的 12、100 g 的英式香草奶油酱与苹果白兰地搅拌均匀，去除表面气泡，放入冷藏室。

装盘

用指尖轻按布丁的边缘，让空气流入，然后将模具倒扣在盘子上，使布丁脱模，最后在布丁周围倒上酱汁即可。

Crème Brulée
焦糖布丁

我们的奶油焦糖布丁添加了肉桂，回味无穷
表面的焦糖口感细腻
与浓稠的奶油形成了绝妙的对比

材料

[使用 8 个直径 10cm、高 2.5cm 的烤碗]

蛋黄……142 g

红糖*……84 g

淡奶油……445 g

牛奶……148 g

肉桂……1 根

肉桂粉……1/3 小勺（0.3 g）

香草荚……1 根

红糖（用于表面焦糖）……适量

* 红褐色的粗糖。
拥有独特的甜味，能让甜点的口味更上一层楼。

准备工作

·把准备倒在烤盘上的水煮沸。

◎ 美味秘诀

※1……如果没有喷枪，可以用加热到高温的勺子背面把红糖烫焦。

◎ 成品理想状态

摇动模具时，布丁表面不会摇晃。

◎ 最佳享用时间

完成后立刻享用。

制作奶油焦糖布丁 ▶▶▶

1

搅拌蛋黄与红糖

用打蛋器直线搅拌蛋黄与红糖，直到蛋液稍稍发白。

2

将淡奶油、牛奶及调味料煮沸

将淡奶油、牛奶、肉桂、肉桂粉、香草荚（种子和种荚）倒入小锅，用小火加热至 80 ℃。然后取出肉桂与香草荚。

完成 ▶▶▶

3

将 2 加入 1，搅拌

将 2 分批加入 1，用打蛋器画圈搅拌均匀后，滤网过滤，然后仔细捞去浮在表面的气泡。

4

倒入模具，将热水倒入烤盘

将 3 倒入模具，摆在烤盘上，然后在烤盘中倒 5 mm 高的热水，借助水蒸气加热。

电烤箱：150 ℃ 20 分钟

燃气烤箱：140 ℃ 20 分钟

5

用滤网撒红糖

待布丁稍稍冷却后送入冷藏室冰镇，然后用滤网在布丁表面轻轻筛一些红糖。

6

用喷枪将红糖烤成焦糖

用喷枪将表面的红糖烤成一层焦糖（※1）。再撒一层红糖，用同样的方法烤焦即可。

Gratin de Fruits
奶汁烤什果

入口即化的沙巴央汁
与水果的甘甜相得益彰

材料[2盘的分量]

◎沙巴央汁（Sabyon Sauce）

蛋黄……40g

细砂糖……20g

白葡萄酒（甜味）……55g

鲜榨柠檬汁……3g

淡奶油……40g

◎水果

草莓……10个（小颗）

芒果……1/2个

糖渍菠萝（※1）……70g

◎装饰

糖粉……适量

香草糖（市贩品）……适量

准备工作

·将淡奶油打发至八成，放入冷藏室。

·草莓去蒂，切成方便入口的大小。

·芒果去皮去核，切成方便入口的大小。

·沥去糖渍菠萝的甜汤，将菠萝切成2cm见方的小块。

◎ **美味秘诀**

※1……糖渍菠萝的制作方法：将1/2个菠萝切成合适的大小，与煮沸的糖浆（用135g水与175g细砂糖制作）搅拌均匀。稍稍冷却后，加入16g柠檬汁与8g樱桃酒，放入冷藏室腌制1星期以上即可。

※2……为了让口感更轻盈，沙巴央汁一定要打出足够的气泡，具有一定的硬度。

◎ **成品理想状态**

沙巴央汁变成深色即可。如果使用的是电烤箱，就算表面的颜色没有变深，只要酱汁膨胀起来即可出炉。

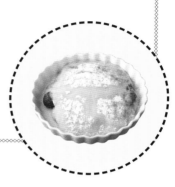

◎ **最佳享用时间**

立刻享用。

制作沙巴央汁▶▶▶

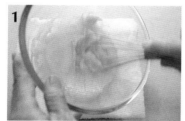

1

搅拌蛋黄与细砂糖

用打蛋器直线搅拌蛋黄与细砂糖，直至蛋液稍稍发白。建议使用耐热玻璃搅拌盆，热量传导更均匀，成品的口感更顺滑。

2

分批加入白葡萄酒

将1/3的白葡萄酒分3次加入**1**，每加入一次都要画圈搅拌。然后加入剩下的白葡萄酒，稍加搅拌。

3

边打泡，边加热

隔着晾架与石棉网小火加热**2**，并用打蛋器用力搅拌，直至蛋液变得有一定硬度，搅拌时能看到盆底。

完成▶▶▶

4

余热状态搅拌1分钟以上

关火，用余热继续加热，同时搅拌1分钟以上，然后转移至另一个搅拌盆。

5

用手持搅拌器打出充足的泡沫

用手持搅拌器（1根搅拌棒）高速搅拌2分钟，将搅拌盆浸入冰水继续搅拌2分钟，打出充足气泡（※2）。蛋液冷却至10℃后，加入柠檬汁和打发的淡奶油，用中速搅拌约10秒。

6

装盘加热

水果盛在盘子上，浇上沙巴央汁，再撒上糖粉与香草糖，送入烤箱加热。

电烤箱：300℃ 3～4分钟

燃气烤箱：300℃ 2分钟

Mousse au Chocolat
巧克力慕斯

轻盈得出乎意料，丝毫不黏腻的口感，正是这款慕斯的特征
巧克力特有的香味在口中缓缓扩散，还能捎来一丝橙子的清香

材料［5盘的分量］

◎巧克力慕斯

蛋黄……80 g

细砂糖……70 g

牛奶……245 g

明胶粉……5 g

冷水……30 g

甜味巧克力（烘焙专用）……50 g

柑桂酒（40度）……15 g

香草精……10滴

蛋白霜

┌ 蛋白……130 g

└ 细砂糖……40 g

淡奶油……170 g

◎英式香草奶油酱

蛋黄……30 g

细砂糖……30 g

牛奶A……100 g

香草荚……1/10根

牛奶B……100 g

柑桂酒（40度）……25 g

准备工作

·用冷水将明胶粉泡开。

·将巧克力切碎。

·将淡奶油打发至能拉出柔软的小尖角，放进冷藏室。

·将用来盛放慕斯的容器放入冷冻室。

·盛放成品的盘子也需要冰镇。

◎ **美味秘诀**

※1……成功的关键在于，将 **8** 搅拌完成的时间与蛋白霜完成的时间调整到尽可能接近。另外，蛋白霜充分融入 **8**，可使得明胶将气泡裹住，趋于稳定，保持慕斯轻盈的口感。为了让搅拌工作更顺利，蛋白霜不要打得太硬。

◎ **最佳享用时间**

当天，冰镇至0～3℃后食用，口味更佳。

制作巧克力慕斯 ▶▶▶

搅拌蛋黄与细砂糖

用打蛋器直线搅拌蛋黄与细砂糖，直至蛋液稍发白。建议使用耐热玻璃搅拌盆，这样热量传导更均匀，使成品的口感更顺滑。

分批倒入热好的牛奶

将牛奶加热至80℃，将其中的1/3分3次加入 **1**，用打蛋器画圈搅拌。然后一次性加入剩下的牛奶，用同样的方法搅拌。

加热至80℃

隔着晾架与石棉网，用极小的火加热 **2**。一边用打蛋器摩擦盆底，一边将蛋液加热至80℃，让其变得更浓稠。

加入明胶与巧克力

到达80℃后关火，加入泡好的明胶，画圈搅拌。然后加入切碎的巧克力，搅拌均匀，使巧克力了完全融化后，过滤一遍。

用冰水冷却

将搅拌盆浸入冰水，一边搅拌，一边冷却，直至温度下降至40℃，然后加入柑桂酒和香草精，搅拌均匀。

制作蛋白霜

6～8 可由2人同时进行。一人先用手持搅拌器（2根搅拌棒）中速搅拌蛋白与12 g细砂糖1分钟，加入剩下的细砂糖，用高速搅拌1分钟。

7

将 5 冷却至 18℃

在 **6** 的总搅拌时间达到 1 分 30 秒时，另一个人再次将装有 **5** 的搅拌盆浸入冰水，用打蛋器搅拌，直至液体温度下降至 18℃。

8

加入淡奶油

达到 18℃后，撤去冰水，迅速倒入已经打发的淡奶油，搅拌均匀。（※1）

9

将 8 加入蛋白霜

将 **8** 一次性加入 **6**，用木铲捞起搅拌。先用 10 秒 20 次的速度，融合到一定程度后改为 10 秒 15 次的速度。

制作英式香草奶油酱▶▶▶

10

搅拌至表面呈现出光泽

液体变得均匀，表面呈现出光泽，说明搅拌工作已经完成了。理想状态是用木铲捞起后，呈丝带状落下，且能在液体表面稍稍留下痕迹。

11

倒入容器，冷却凝固

将 **10** 倒入冰镇过的密封容器，放入冷藏室静置 3 小时左右，使其完全凝固。

12

搅拌蛋黄与细砂糖

用打蛋器直线搅拌蛋黄与细砂糖，直至蛋液稍稍发白。建议使用耐热玻璃搅拌盆，这样热量传导更均匀，使成品的口感更顺滑。

13

加入煮沸的牛奶与香草荚

将牛奶 A 与香草荚（打开的种荚与种子）倒入小锅，用中火加热。稍稍煮沸后，将其分批倒入 **12**，同时用打蛋器画圈搅拌。

14

加热至 80℃

隔着晾架与石棉网，用中火加热 **13**，并用木铲直线搅拌，小心不要打出气泡。将液体加热至 80℃即可。

完成▶▶▶

15

过滤，冷却

过滤后，将搅拌盆浸入冰水，同时用木铲搅拌，使液体温度下降至 5℃左右。

16

加入牛奶与柑桂酒

取 120g 的 **15**，加入牛奶 B 与柑桂酒，用打蛋器画圈搅拌。去除表面的气泡，然后送入冷藏室冷却。

17

装盘

将勺子浸泡在 50℃的热水中加热，然后取出勺子，擦去表面的水分，用它挖出若干块慕斯摆在盘子上，最后在周围倒一些英式香草奶油酱即可。

Crepe Suzette
香橙可丽饼

提前做好，享用前再次加热即可
诱人的深色绉绸花纹，保证了十二分的美味

材料［5～6 片］

◎ 可丽饼
全蛋……81 g
细砂糖……38 g
牛奶……250 g
低筋粉……75 g
黄油（用于制作无水黄油）……适量

◎ 橙味黄油
黄油……100 g
糖粉……80 g
[橙皮（碎末）*……1 个的量
[细砂糖……2/3 小勺
柑桂酒（60 度）……10 g
干邑 *……15 g
* 橙皮 + 细砂糖可用 8 g 橙味香精代替。
*法国干邑地区出品的发酵蒸馏葡萄酒。可用柑桂酒代替。

◎ 香橙糖 *
橙皮（碎末）……1/2 个的量
细砂糖……80 g
* 可替换为橙味香精 3 g + 细砂糖 60 g。

准备工作

· 制作无水黄油。将黄油放入小锅，用极小的火加热融化（不要煮沸），然后将小锅放在温暖的地方，静置片刻。待黄油溶液分层后，取出表面的脂肪，放入冷藏室存放。不使用底层的乳清。

· 将用于橙味黄油的黄油切成薄片，放在室温下解冻，使其变软。

· 用抹刀碾压用于橙味黄油的橙皮与细砂糖，直到橙皮的水分析出，释放出橙子的清香。（P.90）

◎ **美味秘诀**
※1……如果搅拌过度，会形成过多的谷蛋白，导致口感变差。
※2……充分静置面糊，降低其弹性。小心面糊变质。
※3……之所以使用无水黄油，是因为它比普通黄油更不容易烤焦。

◎ **成品理想状态**
表面干燥，形成深金色的绉绸花纹即可。

◎ **最佳享用时间**
立刻享用，或放入冷藏室存放，要享用时用烤箱再次加热。

制作蛋饼面糊 ▶▶▶

1

搅拌全蛋、细砂糖与牛奶
用打蛋器直线搅拌全蛋与细砂糖。蛋液稍稍发白后，加入 20 g 牛奶，继续搅拌。

2

加入低筋粉
一次性加入所有低筋粉，缓缓画圈搅拌，直到面糊中几乎没有面粉结成的小块。（※1）

3

加入牛奶，继续搅拌
将 230 g 牛奶的 1/3 分 5 次加入 **2**，每加一次都要缓缓画圈搅拌 30 次左右。然后加入剩余的牛奶，快速画圈搅拌后将液体过滤一遍。倒入密封容器，放入冷藏室，静置两晚以上。（※2）

煎饼 ▶▶▶

将面糊倒入平底锅

将 5g 左右无水黄油倒入平底锅，用中火融化（※3）。开始冒烟后，舀一勺面糊倒进锅里。

制作橙味黄油 ▶▶▶

将糖粉加入黄油

用木铲将黄油搅拌成糊状。分 5 次加入糖粉，每加入一次都要翻搅若干次，然后画圈搅拌 50 次左右。

完成 ▶▶▶

涂抹橙味黄油与香橙糖

将冷却好的 6 摊开，用抹刀涂抹橙味黄油，然后撒上香橙糖。

用小火加热

将面糊摊开，用小火加热。然后用抹刀将边缘稍稍掀起，方便翻面。

将橙皮的香味融入黄油

加入碾过的橙皮与细砂糖，搅拌均匀。然后分 5 次加入柑桂酒与干邑，每加入一次都要充分搅拌。

装盘，加热

将可丽饼对折，再涂一层黄油，撒一些香橙糖。然后再对折一次，摆盘，送入烤箱加热。

电烤箱： 150℃ 7 ~ 8 分钟

燃气烤箱： 150℃ 7 ~ 8 分钟

使橙味黄油融化，可丽饼得到充分加热即可。

翻面，两面都要烤出花纹

待底面出现深金色的绉绸花纹后，翻面，煎出同样的花纹。煎完后放在一边冷却。

制作香橙糖 ▶▶▶

搅拌橙皮与细砂糖

将细砂糖与橙皮碎末倒入搅拌盆，用手轻轻揉捏，搅拌均匀。

冰激凌可丽饼

朗姆酱的苦味，与冰激凌堪称绝配
冷热搭配，更是充满乐趣

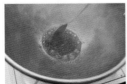

a   b

材料［2 张］

◎可丽饼

* 材料与制作方法同 P.122，只需加入牛奶后额外加入 39 g 椰蓉
即可。用同样的方法将面糊倒入平底锅加热，冷却后备用。

◎朗姆酱［可用于 3 ~ 4 张可丽饼］
淡奶油……80 g
细砂糖（用于焦糖）……24 g
用朗姆酒腌制的葡萄干……20 g
腌制葡萄干时使用的汤汁……7 g
细砂糖……5 g
朗姆酒……8 g

香草冰激凌（市贩品）……适量

制作朗姆酱▶▶▶

1 将淡奶油加热至 60 ~ 70 ℃。

2 将细砂糖（用于焦糖）倒入铜盆，直火加热，
同时用勺子搅拌至糖稍稍发红，略带苦味（如
图 a）。

3 将 1 加入 2，同时用打蛋器迅速搅拌。

4 加入葡萄干和汤汁，并加入少许细砂糖调整
甜度。

5 加热至酱汁即将沸腾时，加入朗姆酒，关火。

完成▶▶▶

6 将可丽饼摊开，加入一半搅拌成糊状的香草冰
激凌，用图 b 所示的方法将蛋饼卷起来。

7 将 6 摆在温好的盘子上，淋上热腾腾的朗姆酱
即可。立刻享用，风味更佳。

Truffes au Curaçao
柑桂酒松露巧克力

在巧克力脆皮与牙齿亲密接触的瞬间
甘纳许微微化开，散发出橙子的清香
因为这款巧克力非常柔软，制作时需要格外小心
不过为了这份入口即化的口感，耗费再多的心思都值得

材料 [约 20 个直径 25mm 的小球]

淡奶油……83 g

水……15 g

甜味巧克力（甘纳许专用）*……130 g

柑桂酒（60 度）……6 g

┌ 橙皮 *（碎末）……1 个的分量
└ 细砂糖……2/3 小勺

脆皮巧克力 *……适量

可可粉、糖粉……适量

* 甘纳许专用巧克力的可可脂含量比普通的烘焙巧克力低，不易分层。

* 可以用 9 g 橙味香精代替橙皮和细砂糖。

* 脆皮巧克力无须调整温度，只要融化后稍稍搅拌一下即可使用。也可以用等量的烘焙专用甜味巧克力与西式松露巧克力的混合物代替。

准备工作

· 将用于甘纳许的甜味巧克力切碎。

· 用抹刀碾压橙皮碎末与细砂糖，直到橙皮的水分析出，释出橙子的清香。

· 隔水加热脆皮巧克力，将其温度调整至 40 ℃。

· 将可可粉过筛备用。

◎ 美味秘诀

※1……这款甘纳许非常柔软，因此放入冰箱静置一晚更好操作。

※2……如果太用力，甘纳许会变得过分柔软，请务必小心。

◎ 最佳享用时间

装入密封容器，可在冷藏室存放 1 星期左右。享用前请先在室温环境下放置一段时间。

制作甘纳许 ▶▶▶

1	**2**	**3**

将淡奶油与巧克力融化	**让巧克力吸收橙子的清香**	**送入冷藏室冷却，使其凝固**
将淡奶油与水倒入铜盆，用小火加热至 80 ℃后关火，加入切碎的巧克力，用打蛋器画圈搅拌，使巧克力完全融化。	分 3 次加入柑桂酒，每加入一次，都要画圈搅拌 50 次左右。然后加入碾过的橙皮与细砂糖，画圈搅拌 20 次左右。	将 **2** 倒入有一定深度的小搅拌盆，稍稍搅拌后，盖上一层保鲜膜。然后放入 5 ℃以下的冷藏室，静置一晚，使其完全凝固。（※1）

4

用冰激凌勺挖甘纳许

用火加热冰激凌勺3～4秒，然后将其插入甘纳许，稍稍用力捞起一小块，再立刻旋转勺子，挖出球形。将挖出的小球放在铺有烘焙纸的烤盘上。

5

放入冷藏室静置

挖出若干小球后，需将甘纳许重新揉成一团，方便操作。将挖好的小球放入冷藏室静置10～15分钟。

完成▶▶▶

6

用手轻搓

将静置过的小球放在手心，轻搓表面。（※2）

7

让小球表面变得光滑

在手心倒少许脆皮巧克力溶液，将6放上去滚一滚，让小球表面沾上一层薄而均匀的脆皮。如果脆皮巧克力凝固了，就将其加热至17～20℃。

8

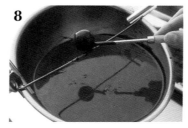

裹脆皮

将7——浸入脆皮巧克力溶液，再用叉子捞起，抖去多余的巧克力溶液。

9

撒上可可粉

将可可粉铺在烤盘上，再把8轻轻放上去，均匀沾上可可粉。脆皮凝固后，抖去多余的可可粉。完成后迅速装进密封容器，放入冰箱冷藏。

10

裹糖粉

如果没有可可粉，也可以用糖粉代替，操作方法相同。完成这一步后，将巧克力迅速装进密封容器或其他类似的容器，放入冰箱冷藏。

◎**巧克力的存放方法**

巧克力最怕受潮，所以做完之后，需要立刻装进密封容器，再裹一层保鲜膜，放进冷藏室。存放环境的温度要足够低，不过享用前，要将巧克力放在17℃～20℃的环境下缓缓解冻，如此一来才能享受到恰到好处的口感。另外，将巧克力从冰箱转移到室温环境时，请务必保持密封状态，因为低温状态下的巧克力一旦接触到空气，表面就会出现水珠。

Pavés de Chotolat
生巧克力

何不亲手制作一份诱人的生巧克力，在情人节送给心上人
这款巧克力的制作方法非常简单，味道却十分优雅，入口即化，香浓诱人

材料[使用 1 个 18cm 的正方形模具 （49 块 2.5cm 见方的巧克力）]

Cocolin*……42g

淡奶油（乳脂肪含量为 35%）……82g

透明麦芽糖……23g

甜味巧克力（甘纳许专用）……195g

黑朗姆酒……9g

可可粉、糖粉……适量

*Cocolin 是太阳油脂株式会社出品的椰子硬化油。可用酥油（shortening）代替。

准备工作

· 将甜味巧克力切碎。

· 将模具摆在烤盘上，在模具内侧与底面铺一层保鲜膜。

◎ **美味秘诀**

※1……这一步务必搅拌均匀，否则稍后容易分层。

※2……可以用柑桂酒、苹果白兰地、橙味或洋梨味的蒸馏酒代替黑朗姆酒，效果也不错。

※3……立即冷冻容易开裂，因此请在充分冷却后再放进冷藏室。

◎ **最佳享用时间**

装入密封容器，可在冷藏室存放 1 周左右。享用前请先在室温环境下放置一段时间。

制作甘纳许▶▶▶

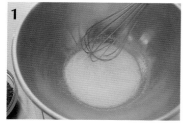

1

将 Cocolin、淡奶油与透明麦芽糖煮沸

用小火加热 Cocolin，融化后加入淡奶油与透明麦芽糖，用打蛋器搅拌。

2

加入巧克力，使其融化

沸腾后加入巧克力画圈搅拌，巧克力融化后，刮下粘在内壁的液体，继续画圈搅拌约 50 次。（※1）

3

加入黑朗姆酒

搅拌均匀，液体呈现出光泽后，加入黑朗姆酒（※2），继续搅拌。

完成▶▶▶

4

倒入模具，冷却凝固

将 3 倒入模具，稍稍摇晃烤盘，让液体表面变得光滑。稍稍冷却后，放置在 10℃上下的环境中，静置 3～4 小时，使其充分凝固。（※3）

5

切割

将巧克力连同保鲜膜一并提起，脱模。然后揭下保鲜膜，用刀（事先用火烤热）将巧克力切成 2.5cm 见方的小块。

6

撒上可可粉与糖粉

将 5 分开摆放在铺有烘焙纸的烤盘上，用滤网撒一些可可粉或糖粉。

Bûche au Champagne
香槟树根蛋糕

为圣诞节增光添彩的圣诞树根蛋糕
我们在这款蛋糕的巴伐露和奶油中加入了香槟，更显考究

材料 [使用 1 个 24.5 cm×7.5 cm×5.5 cm 的鹿背蛋糕模具]

◎长条蛋糕胚

[使用 2 个 18 cm 见方的烤盘]

蛋黄……48 g

细砂糖……45 g

蛋白霜

┌ 蛋白……80 g

└ 细砂糖……36 g

◎香槟巴伐露
蛋黄……35 g
细砂糖……60 g
白葡萄酒……40 g
香槟……55 g
明胶粉……3 g
冷水……15 g
鲜榨柠檬汁……15 g
香槟香精*（香料）……23 g
淡奶油……120 g

◎香槟味白巧克力奶油
淡奶油……202 g
白巧克力（烘焙专用）……65 g
香槟……10 g
香槟香精*（香料）……5 g

◎装饰
开心果（去皮）……适量
蛋白霜蘑菇（P.133）……适量
白巧克力薄片……适量
* 没有香槟香精可以不加。

准备工作
·在 18 cm 见方的烤盘上刷一层黄油（不包括在材料
清单中），铺好烘焙纸。
·制作糖浆。用抹刀碾压柠檬皮与 8 g 细砂糖，直
到柠檬皮中的水分析出，释出香味，然后与香槟、
白葡萄酒和细砂糖搅拌均匀即可。
·用冷水将明胶粉泡开。
·将用于巴伐露的淡奶油打发。
·将白巧克力切碎。

◎ **美味秘诀**
※1……使用耐热玻璃搅拌盆，能让热量传导
更均匀，成品的口感也会更顺滑。
※2……如果搅拌过度，成品就无法入口即化。
※3……最后的装饰可以自由发挥，用杏仁膏
（Marzipan，用杏仁、砂糖加少许的朗姆酒或
白兰地制成——译者注）装点得五彩斑斓也
不错。

◎ **成品理想状态**
表面与底部都变成金黄色即可。蛋糕胚一定
要充分加热，如此一来，即便它吸收了糖浆
和巴伐露的水分，也不
会变得特别烂。

◎ **最佳享用时间**
当天~次日。
需冷藏。

低筋粉、高筋粉……各 40 g
糖粉……适量

◎糖浆
柠檬皮（碎屑）……3/4 个的量
细砂糖……8 g
香槟……58 g
白葡萄酒……25 g
细砂糖……适量

制作面糊

按 P.105 的 **1 ~ 6** 制作面糊。

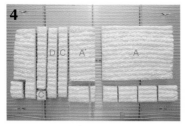

将面糊挤在烤盘上

将面糊灌入装有 10 mm 圆形花嘴的裱花袋，如图，挤在烤盘上，面糊间不能有空隙。然后撒上一层糖粉完全盖住面糊，5 分钟后再撒一层糖粉。

烤制蛋糕胚

将 **2** 送入烤箱烤制，出炉后，连带烘焙纸一并放在晾架上冷却。

电烤箱：190 ℃ 12 分钟
燃气烤箱：180 ℃ 12 分钟

将蛋糕胚切开

将 2 块蛋糕胚切开，A：18 cm×14 cm；A'：6.5 cm×14 cm；B：5 cm×24.5 cm；C：2 cm×20 cm；D:2 cm×18 cm。（B 与 C 可以用若干块蛋糕胚组合）

刷糖浆

将烘焙纸裁成 24.5 cm×14 cm，将 A 与 A' 摆在上面（深色面朝下）。用刷子刷上厚厚一层糖浆。B、C、D 也要用同样的方法刷一层糖浆。

将 5 装进鹿背蛋糕模具

将 A 与 A' 连同下方的烘焙纸装进鹿背蛋糕模具，放入冷冻室静置。B、C、D 摆在烤盘或其他容器中，放入冷藏室静置。

将白葡萄酒与香槟加入蛋黄

将蛋黄与细砂糖倒入耐热玻璃搅拌盆，用打蛋器直线搅拌。蛋液稍稍发白后，缓缓加入白葡萄酒与香槟，同时画圈搅拌。（※1）

加热至 80 ℃

隔着晾架与石棉网，用极小的火加热 **7**。一边用打蛋器摩擦盆底，一边将蛋液缓缓加热至 80 ℃。

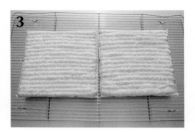

加入明胶，搅拌均匀

达到 80 ℃ 后立刻关火，加入泡好的明胶，搅拌均匀。

过滤，冷却

将 **9** 过滤后转移至搅拌盆。将搅拌盆浸入冰水并搅拌蛋液，使蛋液冷却至 40 ℃。撤去冰水，加入柠檬汁与香槟香精。最后使蛋液温度下降至 18 ℃。

加入淡奶油

用打蛋器捞起少许打发的淡奶油加入 **10**，画圈搅拌大致均匀后，再捞起搅拌。然后分 2 次加入剩余的淡奶油，每加入一次都用同样的方法搅拌。

促进上下层的流动

将 **11** 转移至原本用来盛放淡奶油的搅拌盆，促进上下层的流动。将搅拌盆浸入冰水，搅拌均匀。

将 12 倒入模具

将 **12** 倒入 **6** 的鹿背蛋糕模具，将表面抹平。然后将 **B** 摆在蛋液表面（涂有糖浆的一面朝下），放入冷藏室静置 1 小时左右，让蛋液充分凝固。

将淡奶油打发

将装有淡奶油的搅拌盆浸入冰水，用手持搅拌器打发，直至能拉出柔软的小尖角。温度要控制在 10 ℃左右。

完成 ▶▶▶

加热白巧克力

用 40 ℃ ~ 50 ℃的热水隔水加热白巧克力，使巧克力融化。然后提升热水的温度，将巧克力溶液的温度提升至80 ℃。

将香槟与 15 加入 14

将香槟与香槟香精加入 **14**，然后再缓缓加入 **15**，同时用打蛋器画圈搅拌，之后再快速进行捞起搅拌。（※2）

将蛋糕胚卷成"树根"

将 **C、D** 摆在桌上（颜色较深的面朝下）。将 **16** 灌入装有 15 mm 宽的扁花嘴的裱花袋，在 2 条蛋糕胚上挤一层后将蛋糕胚卷起，做成"树根"。

装饰"树根"

将 **13** 脱模，摆放在蛋糕垫纸上。在恰当的位置挤少许 **16**，再把"树根"粘上去，用手轻轻按一下，将"树根"固定好。

挤巧克力奶油

在"树根"根部挤一圈 **16**，其他有蛋糕胚的地方也要横着挤一层。之后，用浸过温水的叉子，在蛋糕表面划出树皮的纹路（使用叉子之前，要将叉子擦干）。最后撒上开心果、蛋白霜蘑菇与白巧克力薄片等即可。（※3）

◎用瑞士蛋白霜制作"蘑菇"

材料

蛋白……80 g
细砂糖……120 g
可可粉……适量

1 用火加热蛋白与细砂糖，同时用打蛋器搅拌，加热至60 ℃。

2 用手持搅拌器（2 根搅拌棒）高速搅拌 3 分钟到 3 分30 秒，直至蛋白霜能拉出坚硬的小尖角。

3 将 **2** 灌入装有 10 mm 圆形花嘴的裱花袋，挤出"蘑菇"的"柄"与"伞"。然后在"伞"面上撒一些可可粉。

4 加热。如果使用电烤箱，则用 130 ℃加热 40 分钟。如果使用燃气烤箱，则用 110 ℃加热 40 分钟。先烤柄，加热一段时间后再把"伞"送进烤箱。"伞"面干燥后叠在"柄"上，继续加热。

出版后记

　　说到法式甜点，总是绕不过精致、讲究这样的词。装饰考究的橱窗里整齐地陈列着一个个堪称完美的蛋糕，美丽诱人，却隐隐地透着一股难以接近的距离感。毫无疑问，这种距离感来自于过分精致的外表，更准确地说，是法式甜点对于材料、技艺和外形的一丝不苟。正是这种精益求精的态度，让有一定经验的烘焙爱好者都视其为畏途，更不论刚刚接触烘焙的新手了。《点心教室》就是为想在家尝试制作法式甜点，而又无从下手的烘焙爱好者所准备的。本书作者椎名真知子老师任职于烘焙大师弓田亨所创办的"IL PLEUT SURLA SEINE（雨落塞纳河）"法式甜点教室，这里专门教授专为制作少量儿精致的糕点所设计的食谱，致力于让学员在家也能做出毫不逊色于蛋糕店的甜点。本书的编辑过程中，精选了一些实际教学中很受欢迎的食谱，对其进行升级，真正实现"无须使用特殊工具，就能做出少量而精致的甜点"。

　　全书共收集了 47 款具有代表性的法式甜点及其变种。如果您是烘焙新手，可以从简单美味的玛德琳开始，成品的超高颜值和软脆结合的美妙口感会让您欲罢不能，真正体会到烘焙的乐趣；如果您已经接触烘焙一段时间亦或是个中高手，同样可以在书中找到适合您的食谱，让您在平常的日子里，给家人和朋友带去一份惊喜。除了众多的经典法式甜品，本书的另一特色是——精细。与料理不同，烘焙一直被认为是复制的艺术，在您没有绝对把握创造属于自己的食谱前，最好的选择就是对原食谱的绝对遵从。从原料到手法，每一个细节均不容小视，因为制作过程中的一点点疏忽，都会毫不保留的体现在成品上。书中的食谱以克和滴为单位，使读者能更好地掌握材料的配比，减去用料模糊的麻烦。特别的是，作者结合自身几十年的从业经验和反复实验，将打发和搅拌的过程量化，用搅拌的次数代替一般烘焙书中的状态描述，解决了让众多爱好者在烘焙过程中最棘手的问题，大大提高了成功的概率。

　　我们将这本书推荐给热爱烘焙、热爱生活的人们，希望您能借助本书，充分体验法式甜点的甜蜜。最后，请读者注意，书中食材的选择和处理以作者所在的日本为基础，各位在制作过程中请根据国内的实际情况进行斟酌。

服务热线：133-6631-2326　188-1142-1266
读者信息：reader@hinabook.com

后浪出版公司
2016 年 6 月

图书在版编目（CIP）数据

点心教室：写给你的法式点心书 /（日）椎名真知子著；曹逸冰译．-- 北京：北京联合出版公司，2016.6

ISBN 978-7-5502-7810-3

Ⅰ．①点… Ⅱ．①椎… ②曹… Ⅲ．①糕点—制作Ⅳ．① TS213.2

中国版本图书馆 CIP 数据核字 (2016) 第 118150 号

IL PLEUT SUR LA SEINE NO OKASHI KYOUSHITSU

Originally published in Japan in 2014 by SHIBATA PUBLISHING CO., LTD.

Chinese (Simplified Character only) translation rights arranged

with SHIBATA PUBLISHING CO., LTD. through TOHAN CORPORATION,TOKYO.

本书中文简体版由银杏树下（北京）图书有限责任公司出版发行。

点心教室：写给你的法式点心书

著　　者：[日] 椎名真知子

译　　者：曹逸冰

选题策划：后浪出版公司

出版统筹：吴兴元

特约编辑：李志丹

责任编辑：夏应鹏

封面设计：7 拾 3 号工作室

营销推广：ONEBOOK

装帧制造：墨白空间

北京联合出版公司出版

（北京市西城区德外大街 83 号楼 9 层　100088）

北京盛通印刷股份有限公司印刷　新华书店经销

字数 55 千字　787 毫米 ×1092 毫米　1/16　8.5 印张

2016 年 12 月第 1 版　2016 年 12 月第 1 次印刷

ISBN 978-7-5502-7810-3

定价：49. 80 元

《简简单单做面包》

作　者：[日]岛津睦子
译　者：黄镜蒨
出版时间：2016年3月
书　号：978-7-5502-7032-9
定　价：49.8

不认真制作，面包是绝对不可能好吃的，酵母也是要花上长时间培育，才能有自然的风味。

在家里自己烤的面包，
包含了满满对家人的爱，
面包的香气会带给我们大大的幸福感。

36年面包教室从业经验，
致力于教大家都能烤出让人念念不忘的好面包。
不需要昂贵的食材，没有特别的工具，
你需要的仅仅是花一点时间，用双手去创造，
该揉捏时就揉捏，
该花时间等待就花时间等待，
简简单单，做面包。

内容简介

奶酪面包、英式吐司、法式面包、可颂……超人气美味面包一次教给您！
最详细的揉面指导和发酵步骤，教您做出不失败的浓浓自然风面包。

作者简介

岛津睦子，日本面包、点心研究家。大学毕业后前往德国的面包、点心学校Meisterclass留学，学习欧洲的面包、点心制作技术。回国后，主持东京吉祥寺的面包、点心制作学校。